Motorsteuerung lernen

Die Steuerung moderner Otto- und Dieselmotoren macht einen stetig steigenden Anteil an Fahrzeugelektronik erforderlich, um die hohen Forderungen nach einer Reduzierung der Emissionen zu erfüllen. Um die Funktion der Fahrzeugantriebe und das Zusammenwirken der Komponenten und Systeme richtig zu verstehen, ist daher ein Fundus an Informationen von deren Grundlagen bis zur Arbeitsweise erforderlich. In diesem Heft „Einspritzsysteme für Ottomotoren" stellt *Motorsteuerung lernen* die zum Verständnis erforderlichen Grundlagen bereit. Es bietet den raschen und sicheren Zugriff auf diese Informationen und erklärt diese anschaulich, systematisch und anwendungsorientiert.

Weitere Bände in der Reihe http://www.springer.com/series/13472

Konrad Reif

(Hrsg.)

Einspritzsysteme für Ottomotoren

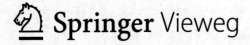 Springer Vieweg

Hrsg.
Konrad Reif
Duale Hochschule Baden-Württemberg Ravensburg
Campus Friedrichshafen
Friedrichshafen, Deutschland

ISSN 2364-6349
Motorsteuerung lernen
ISBN 978-3-658-27861-8

Die Deutsche Nationalbibliothek verzeichnet diese Publikation in der Deutschen Nationalbibliografie; detaillierte bibliografische Daten sind im Internet über http://dnb.d-nb.de abrufbar.

Verantwortlich im Verlag: Markus Braun
Springer Vieweg ist ein Imprint der eingetragenen Gesellschaft Springer Fachmedien Wiesbaden GmbH und ist ein Teil von Springer Nature
Die Anschrift der Gesellschaft ist: Abraham-Lincoln-Str. 46, 65189 Wiesbaden, Germany

Vorwort

Die beständige, jahrzehntelange Vorwärtsentwicklung der Fahrzeugtechnik zwingt den Fachmann dazu, mit dieser Entwicklung Schritt zu halten. Dies gilt nicht nur für junge Leute in der Ausbildung und die Ausbilder selbst, sondern auch für jeden, der schon länger auf dem Gebiet der Fahrzeugtechnik und -elektronik arbeitet. Dabei nimmt neben den klassischen Gebieten Fahrzeug- und Motorentechnik die Elektronik eine immer wichtigere Rolle ein. Die Aus- und Weiterbildungsangebote müssen dem Rechnung tragen, genauso wie die Studienangebote.

Der Fachlehrgang „Motorsteuerung lernen" nimmt auf diesen Bedarf Bezug und bietet mit zehn Einzelthemen einen leichten Einstieg in das wichtige und umfangreiche Gebiet der Steuerung von Diesel- und Ottomotoren. Eine fachlich fundierte und anwendungsorientierte Darstellung garantiert eine direkte Verwertbarkeit des Fachlehrgangs in der Praxis. Die leichte Verständlichkeit machen den Fachlehrgang für das Selbststudium besonders geeignet.

Der vorliegende Teil des Fachlehrgangs mit dem Titel „Einspritzsysteme für Ottomotoren" behandelt sowohl die Saugrohreinspritzung als auch die Benzin-Direkteinspritzung für Ottomotoren. Dabei wird auf die grundsätzliche Funktion des Motors, die Kraftstoffversorgung und vor allem auf die Einspritzung eingegangen. Außerdem werden die elektronische Steuerung und Regelung sowie die Diagnose behandelt. Dieses Heft ist eine Auskopplung aus dem gebundenen Buch „Ottomotor-Management" aus der Reihe Bosch Fachinformation Automobil und wurde für den hier vorliegenden Fachlehrgang neu zusammengestellt.

Friedrichshafen, im Januar 2015   Konrad Reif

Inhaltsverzeichnis

Herausgeber

Prof. Dr.-Ing. Konrad Reif

Autoren und Mitwirkende

Dr.-Ing. David Lejsek,
Dr.-Ing. Andreas Kufferath,
Dr.-Ing. André Kulzer,
    Dr. Ing. h.c. F. Porsche AG,
Prof. Dr.-Ing. Konrad Reif,
    Duale Hochschule Baden-Württemberg.
(Grundlagen des Ottomotors)

Dipl.-Ing. Andreas Posselt,
Dr.-Ing. Jens Wolber,
Ing.-grad. Peter Schelhas,
Dipl.-Ing. Manfred Franz,
Dipl.-Ing. (FH) Horst Kirschner,
Dipl.-Ing. Andreas Pape,
Dr. rer. nat. Winfried Langer,
Dipl.-Ing. Peter Kolb,
Dr. rer. nat. Jörg Ullmann,
Günther Straub,
Prof. Dr.-Ing. Konrad Reif,
    Duale Hochschule Baden-Württemberg.
(Kraftstoffversorgung)

Dipl.-Ing. Andreas Posselt,
Dipl.-Ing. Markus Gesk,
Dipl.-Ing. Anja Melsheimer,
Dipl.-Ing. (BA) Ferdinand Reiter,
Dipl.-Ing. (FH) Klaus Joos,
Dipl.-Ing. Peter Schenk,
Dr.-Ing. Andreas Kufferath,
Dr.-Ing. Wolfgang Samenfink,
Dipl.-Ing. Andreas Glaser,
Dr.-Ing. Tilo Landenfeld,
Dipl.-Ing. Uwe Müller,
Prof. Dr.-Ing. Konrad Reif,
    Duale Hochschule Baden-Württemberg.
(Einspritzung)

Dipl.-Ing. Stefan Schneider,
Dipl.-Ing. Andreas Blumenstock,
Dipl.-Ing. Oliver Pertler,
Prof. Dr.-Ing. Konrad Reif,
    Duale Hochschule Baden-Württemberg.
(Elektronische Steuerung und Regelung)

Dr.-Ing. Markus Willimowski,
Dipl.-Ing. Jens Leideck,
Prof. Dr.-Ing. Konrad Reif,
    Duale Hochschule Baden-Württemberg.
(Diagnose)

Soweit nicht anders angegeben,
handelt es sich um Mitarbeiter der
Robert Bosch GmbH.

Grundlagen des Ottomotors

Der Ottomotor ist eine Verbrennungs-
kraftmaschine mit Fremdzündung, die ein
Luft-Kraftstoff-Gemisch verbrennt und
damit die im Kraftstoff gebundene chemische Energie freisetzt und in mechanische
Arbeit umwandelt. Hierbei wurde in der
Vergangenheit das brennfähige Arbeitsge-
misch durch einen Vergaser im Saugrohr
gebildet. Die Emissionsgesetzgebung
bewirkte die Entwicklung der Saugrohreinspritzung (SRE), welche die Gemischbildung übernahm. Weitere Steigerungen
von Wirkungsgrad und Leistung erfolgten
durch die Einführung der Benzin-Direkteinspritzung (BDE). Bei dieser Technologie
wird der Kraftstoff zum richtigen Zeitpunkt
in den Zylinder eingespritzt, sodass die
Gemischbildung im Brennraum erfolgt.

Arbeitsweise

Im Arbeitszylinder eines Ottomotors wird
periodisch Luft oder Luft-Kraftstoff-Gemisch angesaugt und verdichtet. Anschließend wird die Entzündung und Verbrennung des Gemisches eingeleitet, um durch
die Expansion des Arbeitsmediums (bei einer Kolbenmaschine) den Kolben zu bewe-
gen. Aufgrund der periodischen, linearen
Kolbenbewegung stellt der Ottomotor einen
Hubkolbenmotor dar. Das Pleuel setzt dabei
die Hubbewegung des Kolbens in eine Rota-
tionsbewegung der Kurbelwelle um (Bild 1).

Viertakt-Verfahren

Die meisten in Kraftfahrzeugen eingesetzten
Verbrennungsmotoren arbeiten nach dem
Viertakt-Prinzip (Bild 1). Bei diesem Verfahren steuern Gaswechselventile den Ladungswechsel. Sie öffnen und schließen die
Ein- und Auslasskanäle des Zylinders und
steuern so die Zufuhr von Frischluft oder
-gemisch und das Ausstoßen der Abgase.

    Das verbrennungsmotorische Arbeitsspiel
stellt sich aus dem Ladungswechsel (Aus-
schiebetakt und Ansaugtakt), Verdichtung,

Bild 1
a   Ansaugtakt
b   Verdichtungstakt
c   Arbeitstakt
d   Ausstoßtakt

1   Auslassnockenwelle
2   Zündkerze
3   Einlassnockenwelle
4   Einspritzventil
5   Einlassventil
6   Auslassventil
7   Brennraum
8   Kolben
9   Zylinder
10   Pleuelstange
11   Kurbelwelle
12   Drehrichtung
M Drehmoment
α Kurbelwinkel
s Kolbenhub
V_h Hubvolumen
V_c Kompressions-
    volumen

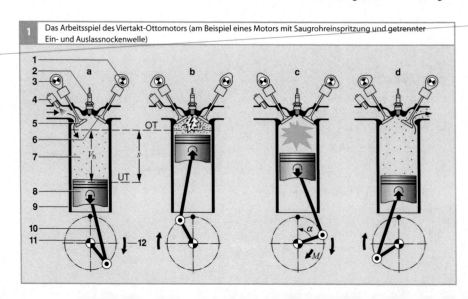

1   Das Arbeitsspiel des Viertakt-Ottomotors (am Beispiel eines Motors mit Saugrohreinspritzung und getrennter Ein- und Auslassnockenwelle)

Verbrennung und Expansion zusammen. Nach der Expansion im Arbeitstakt öffnen die Auslassventile kurz vor Erreichen des unteren Totpunkts, um die unter Druck stehenden heißen Abgase aus dem Zylinder strömen zu lassen. Der sich nach dem Durchschreiten des unteren Totpunkts aufwärts zum oberen Totpunkt bewegende Kolben stößt die restlichen Abgase aus.

Danach bewegt sich der Kolben vom oberen Totpunkt (OT) abwärts in Richtung unteren Totpunkt (UT). Dadurch strömt Luft (bei der Benzin-Direkteinspritzung) bzw. Luft-Kraftstoffgemisch (bei Saugrohreinspritzung) über die geöffneten Einlassventile in den Brennraum. Über eine externe Abgasrückführung kann der im Saugrohr befindlichen Luft ein Anteil an Abgas zugemischt werden. Das Ansaugen der Frischladung wird maßgeblich von der Gestalt der Ventilhubkurven der Gaswechselventile, der Phasenstellung der Nockenwellen und dem Saugrohrdruck bestimmt.

Nach Schließen der Einlassventile wird die Verdichtung eingeleitet. Der Kolben bewegt sich in Richtung des oberen Totpunkts (OT) und reduziert somit das Brennraumvolumen. Bei homogener Betriebsart befindet sich das Luft-Kraftstoff-Gemisch bereits zum Ende des Ansaugtaktes im Brennraum und wird verdichtet. Bei der geschichteten Betriebsart, nur möglich bei Benzin-Direkteinspritzung, wird erst gegen Ende des Verdichtungstaktes der Kraftstoff eingespritzt und somit lediglich die Frischladung (Luft und Restgas) komprimiert. Bereits vor Erreichen des oberen Totpunkts leitet die Zündkerze zu einem gegebenen Zeitpunkt (durch Fremdzündung) die Verbrennung ein. Um den höchstmöglichen Wirkungsgrad zu erreichen, sollte die Verbrennung kurz nach dem oberen Totpunkt abgelaufen sein. Die im Kraftstoff chemisch gebundene Energie wird durch die Verbrennung freigesetzt und

erhöht den Druck und die Temperatur der Brennraumladung, was den Kolben abwärts treibt. Nach zwei Kurbelwellenumdrehungen beginnt ein neues Arbeitsspiel.

Arbeitsprozess: Ladungswechsel und Verbrennung

Der Ladungswechsel wird üblicherweise durch Nockenwellen gesteuert, welche die Ein- und Auslassventile öffnen und schließen. Dabei werden bei der Auslegung der Steuerzeiten (**Bild 2**) die Druckschwingungen in den Saugkanälen zum besseren Füllen und Entleeren des Brennraums berücksichtigt. Die Kurbelwelle treibt die Nockenwelle über einen Zahnriemen, eine Kette oder Zahnräder an. Da ein durch die Nockenwellen zu steuerndes Viertakt-Arbeitsspiel zwei Kurbelwellenumdrehungen andauert, dreht sich die Nockenwelle nur halb so schnell wie die Kurbelwelle.

Ein wichtiger Auslegungsparameter für den Hochdruckprozess und die Verbrennung beim Ottomotor ist das Verdichtungsverhältnis ε, welches durch das Hubvolumen V_h und Kompressionsvolumen V_c folgendermaßen definiert ist:

$$\varepsilon = \frac{V_h + V_c}{V_c}. \tag{1}$$

Dieses hat einen entscheidenden Einfluss auf den idealen thermischen Wirkungsgrad η_{th}, da für diesen gilt:

$$\eta_{th} = 1 - \frac{1}{\varepsilon^{\kappa-1}}, \tag{2}$$

wobei κ der Adiabatenexponent ist [4]. Des Weiteren hat das Verdichtungsverhältnis Einfluss auf das maximale Drehmoment, die maximale Leistung, die Klopfneigung und die Schadstoffemissionen. Typische Werte beim Ottomotor in Abhängigkeit der Füllungssteuerung (Saugmotor, aufgeladener Motor) und der Einspritzart (Saugrohreinspritzung, Direkteinspritzung) liegen bei ca. 8 bis 13. Beim Dieselmotor liegen die Werte zwischen 14 und 22. Das Hauptsteuerelement der Verbrennung ist das Zündsignal, welches elektronisch in Abhängigkeit vom Betriebspunkt gesteuert werden kann.

Unterschiedliche Brennverfahren können auf Basis des ottomotorischen Prinzips dargestellt werden. Bei der Fremdzündung sind homogene Brennverfahren mit oder ohne Variabilitäten im Ventiltrieb (von Phase und Hub) möglich. Mit variablem Ventiltrieb wird eine Reduktion von Ladungswechselverlusten und Vorteile im Verdichtungs- und Arbeitstakt erzielt. Dies erfolgt durch erhöhte Verdünnung der Zylinderladung mit Abgas, welches mittels interner (oder auch externer) Rückführung in die Brennkammer gelangt. Diese Vorteile werden noch weiter durch das geschichtete Brennverfahren ausgenutzt. Ähnliche Potentiale kann die so genannte homogene Selbstzündung beim Ottomotor erreichen, aber mit erhöhtem

Regelungsaufwand, da die Verbrennung durch reaktionskinetisch relevante Bedingungen (thermischer Zustand, Zusammensetzung) und nicht durch einen direkt steuerbaren Zündfunken initiiert wird. Hierfür werden Steuerelemente wie die Ventilsteuerung und die Benzin-Direkteinspritzung herangezogen.

Darüber hinaus werden Ottomotoren je nach Zufuhr der Frischladung in Saugmotoren- und aufgeladene Motoren unterschieden. Bei letzteren wird die maximale Luftdichte, welche zur Erreichung des maximalen Drehmomentes benötigt wird, z. B. durch eine Strömungsmaschine erhöht.

Luftverhältnis und Abgasemissionen

Setzt man die pro Arbeitsspiel angesaugte Luftmenge m_L ins Verhältnis zur pro Arbeitsspiel eingespritzten Kraftstoffmasse m_K, so erhält man mit m_L/m_K eine Größe zur Unterscheidung von Luftüberschuss (großes m_L/m_K) und Luftmangel (kleines m_L/m_K). Der genau passende Wert von m_L/m_K für eine stöchiometrische Verbrennung hängt jedoch vom verwendeten Kraftstoff ab. Um eine kraftstoffunabhängige Größe zu erhalten, berechnet man das Luftverhältnis λ als Quotient aus der aktuellen pro Arbeitsspiel angesaugten Luftmasse m_L und der für eine stöchiometrische Verbrennung des Kraftstoffs erforderliche Luftmasse m_{Ls}, also

$$\lambda = \frac{m_L}{m_{Ls}}. \tag{3}$$

Für eine sichere Entflammung homogener Gemische muss das Luftverhältnis in engen Grenzen eingehalten werden. Des Weiteren nimmt die Flammengeschwindigkeit stark mit dem Luftverhältnis ab, so dass Ottomotoren mit homogener Gemischbildung nur in einem Bereich von $0,8 < \lambda < 1,4$ betrieben werden können, wobei der beste Wirkungs-

2   Steuerung im Ladungswechsel

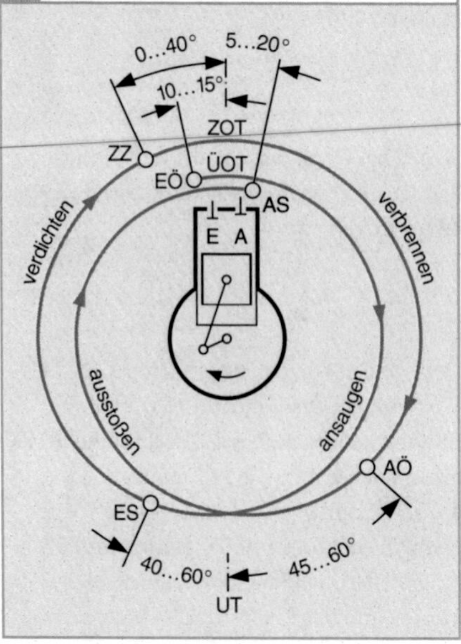

Bild 2
Im Ventilsteuerzeiten-Diagramm sind die Öffnungs- und Schließzeiten der Ein- und Auslassventile aufgetragen.
E   Einlassventil
EÖ Einlassventil öffnet
ES Einlassventil schließt
A   Auslassventil
AÖ Auslassventil öffnet
AS Auslassventil schließt
OT oberer Totpunkt
ÜOT Überschneidungs-OT
ZOT Zünd-OT
UT unterer Totpunkt
ZZ Zündzeitpunkt

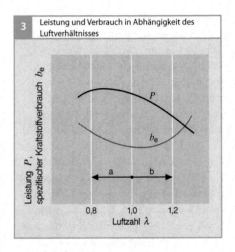

3 Leistung und Verbrauch in Abhängigkeit des Luftverhältnisses

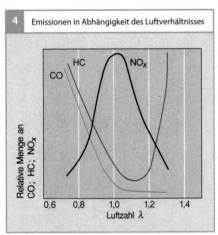

4 Emissionen in Abhängigkeit des Luftverhältnisses

Bild 3
a fettes Gemisch (Luftmangel)
b mageres Gemisch (Luftüberschuss)

grad im homogen mageren Bereich liegt ($1,3 < \lambda < 1,4$). Für das Erreichen der maximalen Last liegt andererseits das Luftverhältnis im fetten Bereich ($0,9 < \lambda < 0,95$), welches die beste Homogenisierung und Sauerstoffoxidation erlaubt, und dadurch die schnellste Verbrennung ermöglicht (Bild 3).

Wird der Emissionsausstoß in Abhängigkeit des Luft-Kraftstoff-Verhältnisses betrachtet (Bild 4), so ist erkennbar, dass im fetten Bereich hohe Rückstände an HC und CO verbleiben. Im mageren Bereich sind HC-Rückstände aus der langsameren Verbrennung und der erhöhten Verdünnung erkennbar, sowie ein hoher NO_x-Anteil, der sein Maximum bei $1 < \lambda < 1,05$ erreicht. Zur Erfüllung der Emissionsgesetzgebung beim Ottomotor wird ein Dreiwegekatalysator eingesetzt, welcher die HC- und CO-Emissionen oxidiert und die NO_x-Emissionen reduziert. Hierfür ist ein Luft-Kraftstoff-Verhältnis von $\lambda \approx 1$ notwendig, das durch eine entsprechende Gemischregelung eingestellt wird.

Weitere Vorteile können aus dem Hochdruckprozess im mageren Bereich ($\lambda > 1$) nur mit einem geschichteten Brennverfahren gewonnen werden. Hierbei werden weiterhin HC- und CO-Emissionen im Dreiwegekatalysator oxidiert. Die NO_x-Emissionen

müssen über einen gesonderten NO_x-Speicherkatalysator gespeichert und nachträglich durch Fett-Phasen reduziert oder über einen kontinuierlich reduzierenden Katalysator mittels zusätzlichem Reduktionsmittel (durch selektive katalytische Reduktion) konvertiert werden.

Gemischbildung

Ein Ottomotor kann eine äußere (mit Saugrohreinspritzung) oder eine innere Gemischbildung (mit Direkteinspritzung) aufweisen (Bild 5). Bei Motoren mit Saugrohreinspritzung liegt das Luft-Kraftstoff-Gemisch im gesamten Brennraum homogen verteilt mit dem gleichen Luftverhältnis λ vor (Bild 5a). Dabei erfolgt üblicherweise die Einspritzung ins Saugrohr oder in den Einlasskanal schon vor dem Öffnen der Einlassventile.

Neben der Gemischhomogenisierung muss das Gemischbildungssystem geringe Abweichungen von Zylinder zu Zylinder sowie von Arbeitsspiel zu Arbeitsspiel garantieren. Bei Motoren mit Direkteinspritzung sind sowohl eine homogene als auch eine heterogene Betriebsart möglich. Beim homogenen Betrieb wird eine saughubsynchrone Einspritzung durchgeführt, um eine

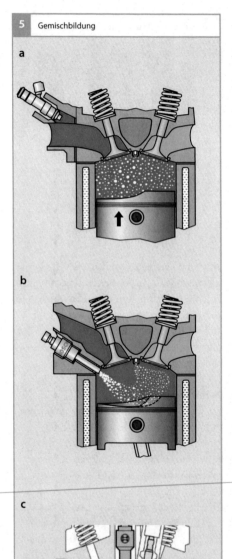

5   Gemischbildung

a

b

c

Bild 5
a homogene Gemisch-
   verteilung (mit
   Saugrohreinsprit-
   zung)
b Schichtladung,
   wand- und luftge-
   führtes Brenn-
   verfahren
c Schichtladung,
   strahlgeführtes
   Brennverfahren

Die homogene
Gemischverteilung
kann sowohl mit der
Saugrohreinspritzung
(Bildteil a) als auch mit
der Direkteinspritzung
(Bildteil c) realisiert
werden.

möglichst schnelle Homogenisierung zu erreichen. Beim heterogenen Schichtbetrieb
befindet sich eine brennfähige Gemischwol-
ke mit $\lambda \approx 1$ als Schichtladung zum Zündzeitpunkt im Bereich der Zündkerze. Bild 5
zeigt die Schichtladung für wand- und luftgeführte (Bild 5b) sowie für das strahlgeführte Brennverfahren (Bild 5c). Der restli-
che Brennraum ist mit Luft oder einem sehr
mageren Luft-Kraftstoff-Gemisch gefüllt,
was über den gesamten Zylinder gemittelt
ein mageres Luftverhältnis ergibt. Der Ottomotor kann dann ungedrosselt betrieben
werden. Infolge der Innenkühlung durch die
direkte Einspritzung können solche Motoren
höher verdichten. Die Entdrosselung und
das höhere Verdichtungsverhältnis führen zu
höheren Wirkungsgraden.

Zündung und Entflammung

Das Zündsystem einschließlich der Zündkerze entzündet das Gemisch durch eine
Funkenentladung zu einem vorgegebenen
Zeitpunkt. Die Entflammung muss auch bei
instationären Betriebszuständen hinsichtlich
wechselnder Strömungseigenschaften und
lokaler Zusammensetzung gewährleistet
werden. Durch die Anordnung der Zündkerze kann die sichere Entflammung insbesondere bei geschichteter Ladung oder im
mageren Bereich optimiert werden.

Die notwendige Zündenergie ist grundsätzlich vom Luft-Kraftstoff-Verhältnis abhängig. Im stöchiometrischen Bereich wird
die geringste Zündenergie benötigt, dagegen
erfordern fette und magere Gemische eine
deutlich höhere Energie für eine sichere Entflammung. Der sich einstellende Zündspan-
nungsbedarf ist hauptsächlich von der im
Brennraum herrschenden Gasdichte abhängig und steigt nahezu linear mit ihr an. Der
Energieeintrag des durch den Zündfunken
entflammten Gemisches muss ausreichend
groß sein, um die angrenzenden Bereiche

entflammen zu können und somit eine
Flammenausbreitung zu ermöglichen.

Der Zündwinkelbereich liegt in der Teillast bei einem Kurbelwinkel von ca. 50 bis
40 ° vor ZOT (vgl. **Bild 2**) und bei Saugmotoren in der Volllast bei ca. 20 bis 10 ° vor
ZOT. Bei aufgeladenen Motoren im Volllastbetrieb liegt der Zündwinkel wegen erhöhter
Klopfneigung bei ca. 10 ° vor ZOT bis 10 °
nach ZOT. Üblicherweise werden im Motorsteuergerät die positiven Zündwinkel als
Winkel vor ZOT definiert.

Zylinderfüllung

Eine wichtige Phase des Arbeitspiels wird
von der Verbrennung gebildet. Für den Verbrennungsvorgang im Zylinder ist ein Luft-
Kraftstoff-Gemisch erforderlich. Das Gasgemisch, das sich nach dem Schließen der
Einlassventile im Zylinder befindet, wird als
Zylinderfüllung bezeichnet. Sie besteht aus
der zugeführten Frischladung (Luft und gegebenenfalls Kraftstoff) und dem Restgas
(Bild 6).

Bestandteile
Die Frischladung besteht aus Luft, und bei
Ottomotoren mit Saugrohreinspritzung
(SRE) dem dampfförmigen oder flüssigen
Kraftstoff. Bei Ottomotoren mit Benzindi-
rekteinspritzung (BDE) wird der für das Ar-
beitsspiel benötigte Kraftstoff direkt in den
Zylinder eingespritzt, entweder während des
Ansaugtaktes für das homogene Verfahren
oder – bei einer Schichtladung – im Verlauf
der Kompression.

Der wesentliche Anteil an Frischluft wird
über die Drosselklappe angesaugt. Zusätz-
liches Frischgas kann über das Kraftstoffverdunstungs-Rückhaltesystem angesaugt
werden. Die nach dem Schließen der Einlassventile im Zylinder befindliche Luftmas-

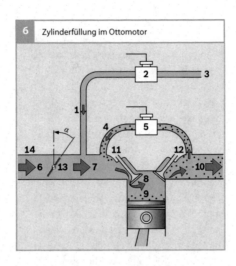

6 Zylinderfüllung im Ottomotor

se ist eine entscheidende Größe für die
während der Verbrennung am Kolben ver-
richtete Arbeit und damit für das vom Motor
abgegebene Drehmoment. Maßnahmen zur
Steigerung des maximalen Drehmomentes
und der maximalen Leistung des Motors
bedingen eine Erhöhung der maximal möglichen Füllung. Die theoretische Maximal-
füllung ist durch den Hubraum, die La-
dungswechselaggregate und ihre Variabilität
begrenzt. Bei aufgeladenen Motoren markiert der erzielbare Ladedruck zusätzlich die
Drehmomentausbeute.

Aufgrund des Totvolumens verbleibt stets
zu einem kleinen Teil Restgas aus dem letzten Arbeitszyklus (internes Restgas) im
Brennraum. Das Restgas besteht aus Inertgas
und bei Verbrennung mit Luftüberschuss
(Magerbetrieb) aus unverbrannter Luft.
Wichtig für die Prozessführung ist der Anteil
des Inertgases am Restgas, da dieses keinen
Sauerstoff mehr enthält und an der Verbrennung des folgenden Arbeitspiels nicht teilnimmt.

Bild 6
1 Luft- und Kraftstoff-
   dämpfe (aus Kraft-
   stoffverdunstungs-
   Rückhaltesystem)
2 Regenerierventil mit
   variablem Ventilöff-
   nungsquerschnitt
3 Verbindung zum
   Kraftstoffverduns-
   tungs-Rückhaltesys-
   tem
4 rückgeführtes Abgas
5 Abgasrückführventil
   (AGR-Ventil) mit
   variablem Ventilöff-
   nungsquerschnitt
6 Luftmassenstrom
   (mit Umgebungs-
   druck p_U)
7 Luftmassenstrom
   (mit Saugrohrdruck
   p_S)
8 Frischgasfüllung (mit
   Brennraumdruck
   p_B)
9 Restgasfüllung (mit
   Brennraumdruck p_B)
10 Abgas (mit Abgas-
   gegendruck p_A)
11 Einlassventil
12 Auslassventil
13 Drosselklappe
14 Ansaugrohr
a Drosselklappen-
   winkel

Ladungswechsel

Der Austausch der verbrauchten Zylinderfüllung gegen Frischgas wird Ladungswechsel genannt. Er wird durch das Öffnen und das Schließen der Einlass- und Auslassventile im Zusammenspiel mit der Kolbenbewegung gesteuert. Die Form und die Lage der Nocken auf der Nockenwelle bestimmen den Verlauf der Ventilerhebung und beeinflussen dadurch die Zylinderfüllung. Die Zeitpunkte des Öffnens und des Schließens der Ventile werden Ventil-Steuerzeiten genannt. Die charakteristischen Größen des Ladungswechsels werden durch Auslass-Öffnen (AÖ), Einlass-Öffnen (EÖ), Auslass-Schließen (AS), Einlass-Schließen (ES) sowie durch den maximalen Ventilhub gekennzeichnet. Realisiert werden Ottomotoren sowohl mit festen als auch mit variablem Steuerzeiten und Ventilhüben.

Die Qualität des Ladungswechsels wird mit den Größen Luftaufwand, Liefergrad und Fanggrad beschrieben. Zur Definition dieser Kennzahlen wird die Frischladung herangezogen. Bei Systemen mit Saugrohreinspritzung entspricht diese dem frisch eintretenden Luft-Kraftstoff-Gemisch, bei Ottomotoren mit Benzindirekteinspritzung und Einspritzung in den Verdichtungstakt (nach ES) wird die Frischladung lediglich durch die angesaugte Luftmasse bestimmt. Der Luftaufwand beschreibt die gesamte während des Ladungswechsels durchgesetzte Frischladung bezogen auf die durch das Hubvolumen maximal mögliche Zylinderladung. Im Luftaufwand kann somit zusätzlich jene Masse an Frischladung enthalten sein, welche während einer Ventilüberschneidung direkt in den Abgastrakt überströmt. Der Liefergrad hingegen stellt das Verhältnis der im Zylinder tatsächlich verbliebenen Frischladung nach Einlass-Schließen zur theoretisch maximal möglichen Ladung dar. Der Fanggrad, definiert als das Verhältnis von Liefergrad zum Luftaufwand, gibt den Anteil der durchgesetzten Frischladung an, welcher nach Abschluss des Ladungswechsels im Zylinder eingeschlossen wird. Zusätzlich ist als weitere wichtige Größe für die Beschreibung der Zylinderladung der Restgasanteil als das Verhältnis aus der sich zum Einlassschluss im Zylinder befindlichen Restgasmasse zur gesamt eingeschlossenen Masse an Zylinderladung definiert.

Um im Ladungswechsel das Abgas durch das Frischgas zu ersetzen, ist ein Arbeitsaufwand notwendig. Dieser wird als Ladungswechsel- oder auch Pumpverlust bezeichnet. Die Ladungswechselverluste verbrauchen einen Teil der umgewandelten mechanischen Energie und senken daher den effektiven Wirkungsgrad des Motors. In der Ansaugphase, also während der Abwärtsbewegung des Kolbens, ist im gedrosselten Betrieb der Saugrohrdruck kleiner als der Umgebungsdruck und insbesondere kleiner als der Druck im Kurbelgehäuse (Kolbenrückraum). Zum Ausgleich dieser Druckdifferenz wird Energie benötigt (Drosselverluste). Insbesondere bei hohen Drehzahlen und Lasten (im entdrosselten Betrieb) tritt beim Ausstoßen des verbrannten Gases während der Aufwärtsbewegung des Kolbens ein Staudruck im Brennraum auf, was wiederum zu zusätzlichen Energieverlusten führt, welche Ausschiebeverluste genannt werden.

Steuerung der Luftfüllung

Der Motor saugt die Luft über den Luftfilter und den Ansaugtrakt an (Bilder 7 und 8), wobei die Drosselklappe aufgrund ihrer Verstellbarkeit für eine dosierte Luftzufuhr sorgt und somit das wichtigste Stellglied für den Betrieb des Ottomotors darstellt. Im weiteren Verlauf des Ansaugtraktes erfährt der angesaugte Luftstrom die Beimischung von Kraftstoffdampf aus dem Kraftstoffverdunstungs-Rückhaltesystem sowie von rückgeführtem Abgas (AGR). Mit diesem kann zur Entdrosselung des Arbeitsprozesses – und damit einer Wirkungsgradsteigerung im Teillastbereich – der Anteil des Restgases an der Zylinderfüllung erhöht werden. Die äußere Abgasrückführung führt das ausgestoßene Restgas vom Abgassystem zurück in den Saugkanal. Dabei kann ein zusätzlich installierter AGR-Kühler das rückgeführte Abgas vor dem Eintritt in das Saugrohr auf ein niedrigeres Temperaturniveau kühlen und damit die Dichte der Frischladung erhöhen. Zur Dosierung der äußeren Abgasrückführung wird ein Stellventil verwendet.

Der Restgasanteil der Zylinderladung kann jedoch im großen Maße ebenfalls durch die Menge der im Zylinder verbleibenden Restgasmasse geändert werden. Zu deren Steuerung können Variabilitäten im Ventiltrieb eingesetzt werden. Zu nennen sind hier insbesondere Phasensteller der Nockenwellen, durch deren Anwendung die Steuerzeiten im breiten Bereich beeinflusst werden können und dadurch das Einbehalten einer gewünschten Restgasmasse ermöglichen. Durch eine Ventilüberschneidung kann beispielsweise der Restgasanteil für das folgende Arbeitsspiel wesentlich beeinflusst werden. Während der Ventilüberschneidung sind Ein- und Auslassventil gleichzeitig geöffnet, d. h., das Einlassventil öffnet, bevor das Auslassventil schließt. Ist in der Überschneidungsphase der Druck im Saugrohr niedriger als im Abgastrakt, so tritt eine Rückströmung des Restgases in das Saugrohr auf. Da das so ins Saugrohr gelangte Restgas nach dem Auslass-Schließen wieder angesaugt wird, führt dies zu einer Erhöhung des Restgasgehalts.

Der Einsatz von variablen Ventiltrieben ermöglicht darüber hinaus eine Vielzahl an Verfahren, mit welchen sich die spezifische Leistung und der Wirkungsgrad des Ottomotors weiter steigern lassen. So ermöglicht eine verstellbare Einlassnockenwelle beispielsweise die Anpassung der Steuerzeit für die Einlassventile an die sich mit der Drehzahl veränderliche Gasdynamik des Saugtraktes, um in Volllastbetrieb die optimale Füllung der Zylinder zu ermöglichen.

Zur Wirkungsgradsteigerung im gedrosselten Betrieb bei Teillast ist zudem die Anwendung vom späten oder frühen Schließen der Einlassventile möglich. Beim Atkinson-Verfahren wird durch spätes Schließen der Einlassventile ein Teil der angesaugten Ladung wieder aus dem Zylinder in das Saugrohr verdrängt. Um die Ladungsmasse der Standardsteuerzeit im Zylinder einzuschließen, wird der Motor weiter entdrosselt und damit der Wirkungsgrad erhöht. Aufgrund der langen Öffnungsdauer der Einlassventile beim Atkinson-Verfahren können insbesondere bei Saugmotoren zudem gasdynamische Effekte ausgenutzt werden.

Das Miller-Verfahren hingegen beschreibt ein frühes Schließen der Einlassventile. Dadurch wird die im Zylinder eingeschlossene Ladung im Fortgang der Abwärtsbewegung des Kolbens (Saugtakt) expandiert. Verglichen mit der Standard-Steuerzeit erfolgt die darauf folgende Kompression auf einem niedrigeren Druck- und Temperaturniveau. Um das gleiche Moment zu erzeugen und hierfür die gleiche Masse an Frischladung im Zylinder einzuschließen, muss der Arbeitsprozess (wie auch beim Atkinson-Verfahren) entdrosselt werden, was den Wirkungsgrad erhöht. Aufgrund der weitgehenden Bremsung der Ladungsbewegung während der Expansion vor dem Verdichtungstakt wird allerdings die Verbrennung verlangsamt und das theoretische Wirkungsgradpotential daher zum großen Teil wieder kompensiert. Da beide Verfahren die Temperatur der Zylinderladung während der Kompression senken, können sie insbesondere bei aufgeladenen Ottomotoren an der Volllast ebenfalls

7 Strukturbild eines Ottomotors mit Saugrohreinspritzung ohne Aufladung einschließlich Komponenten für die elektronische Steuerung und Regelung

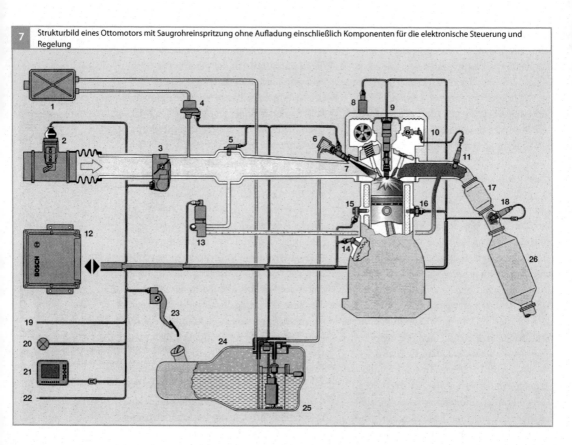

Bild 7

1 Aktivkohlebehälter
2 Heißfilm-Luftmassenmesser (HFM) mit integriertem Temperatursensor
3 Drosselvorrichtung (EGAS)
4 Tankentlüftungsventil
5 Saugrohrdrucksensor
6 Kraftstoffverteilerstück
7 Einspritzventil
8 Aktoren und Sensoren für variable Nockenwellensteuerung
9 Zündkerze mit aufgesteckter Zündspule
10 Nockenwellen-Phasensensor
11 λ-Sonde vor dem Vorkatalysator
12 Motorsteuergerät
13 Abgasrückführventil
14 Drehzahlsensor
15 Klopfsensor
16 Motortemperatursensor

17 Vorkatalysator (Dreiwegekatalysator)
18 λ-Sonde nach dem Vorkatalysator
19 CAN-Schnittstelle
20 Motorkontrollleuchte
21 Diagnoseschnittstelle
22 Schnittstelle zur Wegfahrsperre
23 Fahrpedalmodul mit Pedalwegsensor
24 Kraftstoffbehälter
25 Tankeinbaueinheit mit Elektrokraftstoffpumpe, Kraftstofffilter und Kraftstoffregler
26 Hauptkatalysator (Dreiwegekatalysator)

Der in Bild 7 dargestellte Systemumfang bezüglich der On-Board-Diagnose entspricht den Anforderungen der EOBD.

zur Senkung der Klopfneigung und damit zur Steigerung der spezifischen Leistung verwendet werden.

Die Anwendung variabler Ventihubverfahren ermöglicht durch die Darstellung von Teilhüben der Einlassventile ebenfalls eine Entdrosselung des Motors an der Drosselklappe und damit eine Wirkungsgradsteigerung. Zudem kann durch unterschiedliche Hubverläufe der Einlassventile eines Zylinders die Ladungsbewegung deutlich erhöht werden, was insbesondere im Bereich niedriger Lasten die Verbrennung deutlich stabilisiert und damit die Anwendung hoher Restgasraten erleichtert. Eine weitere Möglichkeit zur Steuerung der Ladungsbewegung bilden Ladungsbewegungsklappen, welche durch ihre Stellung im Saugkanal des

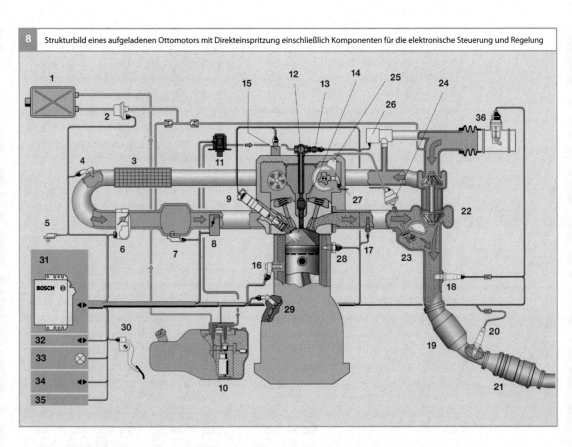

Zylinderkopfs die Strömungsbewegung beeinflussen. Allerdings ergibt sich hier aufgrund der höheren Strömungsverluste auch eine Steigerung der Ladungswechselarbeit.

Insgesamt lassen sich durch die Anwendung variabler Ventiltriebe, welche eine Kombination aus Steuerzeit- und Ventilhubverstellung bis hin zu voll-variablen Systemen umfassen, beträchtliche Steigerungen der spezifischen Leistung sowie des Wirkungsgrades erreichen. Auch die Anwendung eines geschichteten Brennverfahrens erlaubt aufgrund des hohen Luftüberschusses einen weitgehend ungedrosselten Betrieb, welcher insbesondere in der Teillast des Ottomotors zur einer erheblichen Steigerung des effektiven Wirkungsgrades führt.

Bild 8
1 Aktivkohlebehälter
2 Tankentlüftungsventil
3 Heißfilm-Luftmassenmesser
4 kombinierter Ladedruck- und Ansauglufttemperatursensor
5 Umgebungsdrucksensor
6 Drosselvorrichtung (EGAS)
7 Saugrohrdrucksensor
8 Ladungsbewegungsklappe
9 Zündspule mit Zündkerze
10 Kraftstofffördermodul mit Elektrokraftstoffpumpe
11 Hochdruckpumpe
12 Kraftstoff-Verteilerrohr
13 Hochdrucksensor
14 Hochdruck-Einspritzventil
15 Nockenwellenversteller
16 Klopfsensor
17 Abgastemperatursensor

18 λ-Sonde
19 Vorkatalysator
20 λ-Sonde
21 Hauptkatalysator
22 Abgasturbolader
23 Waste-Gate
24 Waste-Gate-Steller
25 Vakuumpumpe
26 Schub-Umluftventil
27 Nockenwellen-Phasensensor
28 Motortemperatursensor
29 Drehzahlsensor
30 Fahrpedalmodul
31 Motorsteuergerät
32 CAN-Schnittstelle
33 Motorkontrollleuchte
34 Diagnoseschnittstelle
35 Schnittstelle zur Wegfahrsperre

Das bei homogener, stöchiometrischer Gemischverteilung erreichbare Drehmoment ist proportional zu der Frischgasfüllung. Daher kann das maximale Drehmoment lediglich durch die Verdichtung der Luft vor Eintritt in den Zylinder (Aufladung) gesteigert werden. Mit der Aufladung kann der Liefergrad, bezogen auf Normbedingungen, auf Werte größer als eins erhöht werden. Eine Aufladung kann bereits allein durch Nutzung gasdynamischer Effekte im Saugrohr erzielt werden (gasdynamische Aufladung). Der Aufladungsgrad hängt von der Gestaltung des Saugrohrs sowie vom Betriebspunkt des Motors ab, im Wesentlichen von der Drehzahl, aber auch von der Füllung. Mit der Möglichkeit, die Saugrohrgeometrie während des Fahrbetriebs beispielsweise durch eine variable Saugrohrlänge zu ändern, kann die gasdynamische Aufladung in einem weiten Betriebsbereich für eine Steigerung der maximalen Füllung herangezogen werden.

Eine weitere Erhöhung der Luftdichte erzielen mechanisch angetriebene Verdichter bei der mechanischen Aufladung, welche von der Kurbelwelle des Motors angetrieben werden. Die komprimierte Luft wird dabei durch das Ansaugsystem, welches dann zugunsten eines schnellen Ansprechverhaltens des Motors mit kleinem Sammlervolumen und kurzen Saugrohrlängen ausgeführt wird, in die Zylinder gepumpt.

Bei der Abgasturboaufladung wird im Unterschied zur mechanischen Aufladung der Verdichter des Abgasturboladers nicht von der Kurbelwelle angetrieben, sondern von einer Abgasturbine, welche sich im Abgastrakt befindet und die Enthalpie des Abgases ausnutzt. Die Enthalpie des Abgases kann zusätzlich erhöht werden, in dem durch die Anwendung einer Ventilüberschneidung ein Teil der Frischladung durch die Zylinder gespült (Scavenging) und damit der Massenstrom an der Abgasturbine erhöht wird. Zusätzlich sorgt eine hohe Spülrate für niedrige Restgasanteile. Da bei Motoren mit Abgasturboaufladung im unteren Drehzahlbereich an der Volllast ein positives Druckgefälle über dem Zylinder gut eingestellt werden kann, erhöht dieses Verfahren wesentlich das maximale Drehmoment in diesem Betriebsbereich (Low-End-Torque).

Füllungserfassung und Gemischregelung
Beim Ottomotor wird die zugeführte Kraftstoffmenge in Abhängigkeit der angesaugten Luftmasse eingestellt. Dies ist nötig, weil sich nach einer Änderung des Drosselklappenwinkels die Luftfüllung erst allmählich ändert, während die Kraftstoffmenge arbeitsspielindividuell variiert werden kann. In der Motorsteuerung muss daher für jedes Arbeitsspiel je nach der Betriebsart (Homogen, Homogen-mager, Schichtbetrieb) die aktuell vorhandene Luftmasse bestimmt werden (durch Füllungserfassung). Es gibt grundsätzlich drei Verfahren, mit welchen dies erfolgen kann. Das erste Verfahren arbeitet folgendermaßen: Über ein Kennfeld wird in Abhängigkeit von Drosselklappenwinkel α und Drehzahl n der Volumenstrom bestimmt, der über geeignete Korrekturen in einem Luftmassenstrom umgerechnet wird. Die auf diesem Prinzip arbeitenden Systeme heißen α-n-Systeme.

Beim zweiten Verfahren wird über ein Modell (Drosselklappenmodell) aus der Temperatur vor der Drosselklappe, dem Druck vor und nach der Drosselklappe sowie der Drosselklappenstellung (Winkel α) der Luftmassenstrom berechnet. Als Erweiterung dieses Modells kann zusätzlich aus der Motordrehzahl n, dem Druck p im Saugrohr (vor dem Einlassventil), der Temperatur im Einlasskanal und weiteren Einflüssen (Nockenwellen- und Ventilhubverstellung, Saugrohrumschaltung, Position der Ladungsbewegungsklappe) die vom Zylinder angesaugte Frischluft berechnet werden. Nach diesem Prinzip arbeitende Systeme werden p-n-Systeme genannt. Je nach Komplexität des Motors, insbesondere die Variabilitäten des Ventiltriebs betreffend, können hierfür aufwendige Modelle notwendig sein. Das dritte Verfahren besteht darin, dass ein Heißfilm-Luftmassenmesser (HFM) direkt den in das Saugrohr einströmenden Luftmassenstrom misst. Weil mittels eines Heißfilm-Luftmassenmessers oder eines Drosselklappenmodells nur der in das Saugrohr einfließende Massenstrom bestimmt werden kann, liefern diese beiden Systeme nur im stationären Motorbetrieb einen gültigen Wert für die Zylinderfüllung. Ein stationärer Betrieb setzt die Annahme eines konstanten Saugrohrdrucks voraus, so dass die dem Saugrohr zufließenden und den Motor verlassenden Luftmassenströme identisch sind. Die Anwendung sowohl des Heißfilm-Luftmassenmessers als auch des Drosselklap-

penmodells liefert bei einem plötzlichen Lastwechsel (d. h. bei einer plötzlichen Änderung des Drosselklappenwinkels) eine augenblickliche Änderung des dem Saugrohr zufließenden Massenstroms, während sich der in den Zylinder eintretende Massenstrom und damit die Zylinderfüllung erst ändern, wenn sich der Saugrohrdruck erhöht oder erniedrigt hat. Daher muss für die richtige Abbildung transienter Vorgänge entweder das p-n-System verwendet oder eine zusätzliche Modellierung des Speicherverhaltens im Saugrohr (Saugrohrmodell) erfolgen.

Kraftstoffe

Für den ottomotorischen Betrieb werden Kraftstoffe benötigt, welche aufgrund ihrer Zusammensetzung eine niedrige Neigung zur Selbstzündung (hohe Klopffestigkeit) aufweisen. Andernfalls kann die während der Kompression nach einer Selbstzündung erfolgte, schlagartige Umsetzung der Zylin-

Tabelle 1
Eigenschaftswerte flüssiger Kraftstoffe.
Die Viskosität bei 20 °C liegt für Benzin bei etwa 0,6 mm²/s, für Methanol bei etwa 0,75 mm²/s

Stoff	Dichte in kg/l	Hauptbestandteile in Gewichtsprozent	Siedetemperatur in °C	Spezifische Verdampfungswärme in kJ/kg	Spezifischer Heizwert in MJ/kg	Zündtemperatur in °C	Luftbedarf, stöchiometrisch in kg/kg	Zündgrenze	
								untere	obere
								in Volumenprozent Gas in Luft	
Ottokraftstoff									
Normal	0,720...0,775	86 C, 14 H	25...210	380...500	41,2...41,9	≈ 300	14,8	≈ 0,6	≈ 8
Super	0,720...0,775	86 C, 14 H	25...210	–	40,1...41,6	≈ 400	14,7	–	–
Flugbenzin	0,720	85 C, 15 H	40...180	–	43,5	≈ 500	–	≈ 0,7	≈ 8
Kerosin	0,77...0,83	87 C, 13 H	170...260	–	43	≈ 250	14,5	≈ 0,6	≈ 7,5
Dieselkraftstoff	0,820...0,845	86 C, 14 H	180...360	≈ 250	42,9...43,1	≈ 250	14,5	≈ 0,6	≈ 7,5
Ethanol C_2H_5OH	0,79	52 C, 13 H, 35 O	78	904	26,8	420	9	3,5	15
Methanol CH_3OH	0,79	38 C, 12 H, 50 O	65	1 110	19,7	450	6,4	5,5	26
Rapsöl	0,92	78 C, 12 H, 10 O	–	–	38	≈ 300	12,4	–	–
Rapsölmethylester (Biodiesel)	0,88	77 C, 12 H, 11 O	320...360	–	36,5	283	12,8	–	–

Stoff	Dichte bei 0 °C und 1 013 mbar in kg/m³	Hauptbestandteile in Gewichtsprozent	Siedetemperatur bei 1 013 mbar in °C	Spezifischer Heizwert		Zündtemperatur in °C	Luftbedarf, stöchiometrisch in kg/kg	Zündgrenze	
				Kraftstoff in MJ/kg	Luft-Kraftstoff-Gemisch in MJ/m³			untere	obere
								in Volumenprozent Gas in Luft	
Flüssiggas (Autogas)	2,25	C_3H_8, C_4H_{10}	−30	46,1	3,39	≈ 400	15,5	1,5	15
Erdgas H (Nordsee)	0,83	87 CH_4, 8 C_2H_6, 2 C_3H_8, 2 CO_2, 1 N_2	−162 (CH_4)	46,7	–	584	16,1	4,0	15,8
Erdgas H (Russland)	0,73	98 CH_4, 1 C_2H_6, 1 N_2	−162 (CH_4)	49,1	3,4	619	16,9	4,3	16,2
Erdgas L	0,83	83 CH_4, 4 C_2H_6, 1 C_3H_8, 2 CO_2, 10 N_2	−162 (CH_4)	40,3	3,3	≈ 600	14,0	4,6	16,0

Tabelle 2
Eigenschaftswerte gasförmiger Kraftstoffe. Das als Flüssiggas bezeichnete Gasgemisch ist bei 0 °C und 1 013 mbar gasförmig; in flüssiger Form hat es eine Dichte von 0,54 kg/l.

derladung zu mechanischen Schäden des Ottomotors bis hin zu seinem Totalausfall führen. Die Klopffestigkeit eines Ottokraftstoffes wird durch die Oktanzahl beschrieben. Die Höhe der Oktanzahl bestimmt die spezifische Leistung des Ottomotors. An der Volllast wird aufgrund der Gefahr von Motorschäden die Lage der Verbrennung durch das Motorsteuergerät über einen Zündwinkeleingriff (durch die Klopfregelung) so eingestellt, dass – durch Senkung der Verbrennungstemperatur durch eine späte Lage der Verbrennung – keine Selbstzündung der Frischladung erfolgt. Dies begrenzt jedoch das nutzbare Drehmoment des Motors. Je höher die verwendete Oktanzahl ist, desto höher fällt, bei einer entsprechenden Bedatung des Motorsteuergeräts, die spezifische Leistung aus.

In den **Tabellen 1** und **2** sind die Stoffwerte der wichtigsten Kraftstoffe zusammengefasst. Verwendung findet meist Benzin, welches durch Destillation aus Rohöl gewonnen und zur Steigerung der Klopffestigkeit mit geeigneten Komponenten versetzt wird. So

wird bei Benzinkraftstoffen in Deutschland zwischen Super und Super-Plus unterschieden, einige Anbieter haben ihre Super-Plus-Kraftstoffe durch 100-Oktan-Benzine ersetzt. Seit Januar 2011 enthält der Super-Kraftstoff bis zu 10 Volumenprozent Ethanol (E10), alle anderen Sorten sind mit max. 5 Volumenprozent Ethanol (E5) versetzt. Die Abkürzung E10 bezeichnet dabei einen Ottokraftstoff mit einem Anteil von 90 Volumenprozent Benzin und 10 Volumenprozent Ethanol. Die ottomotorische Verwendung von reinen Alkoholen (Methanol M100, Ethanol E100) ist bei Verwendung geeigneter Kraftstoffsysteme und speziell adaptierter Motoren möglich, da aufgrund des höheren Sauerstoffgehalts ihre Oktanzahl die des Benzins übersteigt.

Auch der Betrieb mit gasförmigen Kraftstoffen ist beim Ottomotor möglich. Verwendung findet als serienmäßige Ausstattung (in bivalenten Systemen mit Benzin- und Gasbetrieb) in Europa meist Erdgas (Compressed Natural Gas CNG), welches hauptsächlich aus Methan besteht. Aufgrund des höheren Wasserstoff-Kohlenstoff-Verhältnisses entsteht bei der Verbrennung von Erdgas weniger CO_2 und mehr Wasser als bei Verbrennung von Benzin. Ein auf Erdgas eingestellter Ottomotor erzeugt bereits ohne weitere Optimierung ca. 25 % weniger CO_2-Emissionen als beim Einsatz von Benzin. Durch die sehr hohe Oktanzahl (ROZ 130) eignet sich der mit Erdgas betriebene Ottomotor ideal zur Aufladung und lässt zudem eine Erhöhung des Verdichtungsverhältnisses zu. Durch den monovalenten Gaseinsatz in Verbindung mit einer Hubraumverkleinerung (Downsizing) kann der effektive Wirkungsgrad des Ottomotors erhöht und seine CO_2-Emission gegenüber dem konventionellen Benzin-Betrieb maßgeblich verringert werden.

Häufig, insbesondere in Anlagen zur Nachrüstung, wird Flüssiggas (Liquid Petroleum Gas LPG), auch Autogas genannt, eingesetzt. Das verflüssigte Gasgemisch besteht aus Propan und Butan. Die Oktanzahl von Flüssiggas liegt mit ROZ 120 deutlich über dem Niveau von Super-Kraftstoffen, bei seiner Verbrennung entstehen ca. 10 % weniger CO_2-Emissionen als im Benzinbetrieb.

Auch die ottomotorische Verbrennung von reinem Wasserstoff ist möglich. Aufgrund des Fehlens an Kohlenstoff entsteht bei der Verbrennung von Wasserstoff kein Kohlendioxid, als „CO_2-frei" darf dieser Kraftstoff dennoch nicht gelten, wenn bei seiner Herstellung CO_2 anfällt. Aufgrund seiner sehr hohen Zündwilligkeit ermöglicht der Betrieb mit Wasserstoff eine starke Abmagerung und damit eine Steigerung des effektiven Wirkungsgrades des Ottomotors.

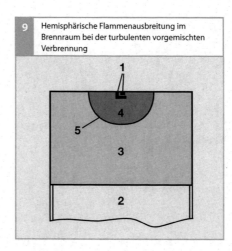

9   Hemisphärische Flammenausbreitung im Brennraum bei der turbulenten vorgemischten Verbrennung

Bild 9
1   Elektroden der Zündkerze
2   Kolben
3   Gemisch mit λ_g
4   Verbranntes Gas mit $\lambda_v \approx \lambda_g$
5   Flammenfront

λ bezeichnet die Luftzahl.

Verbrennung

Turbulente vorgemischte Verbrennung

Das homogene Brennverfahren stellt die Referenz bei der ottomotorischen Verbrennung dar. Dabei wird ein stöchiometrisches, homogenes Gemisch während der Verdichtungsphase durch einen Zündfunken entflammt. Der daraus entstehende Flammkern geht in eine turbulente, vorgemischte Verbrennung mit sich nahezu hemisphärisch (halbkugelförmig) ausbreitender Flammenfront über (Bild 9).

Hierzu wird eine zunächst laminare Flammenfront, deren Fortschrittgeschwindigkeit von Druck, Temperatur und Zusammensetzung des Unverbrannten abhängt, durch viele kleine, turbulente Wirbel zerklüftet. Dadurch vergrößert sich die Flammenoberfläche deutlich. Das wiederum erlaubt einen erhöhten Frischladungseintrag in die Reaktionszone und somit eine deutliche Erhöhung der Flammenfortschrittsgeschwindigkeit. Hieraus ist ersichtlich, dass die Turbulenz der Zylinderladung einen sehr relevanten Faktor zur Verbrennungsoptimierung darstellt.

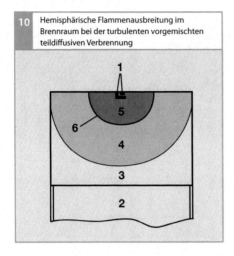

 Hemisphärische Flammenausbreitung im Brennraum bei der turbulenten vorgemischten teildiffusiven Verbrennung

Bild 10
1   Elektroden der
    Zündkerze
2   Kolben
3   Luft (und Restgas)
    mit $\lambda \rightarrow \infty$
4   Gemisch mit $\lambda_g \approx 1$
5   Verbranntes Gas mit
    $\lambda_v \approx 1$
6   Flammenfront

Über den gesamten
Brennraum gemittelt
ergibt sich eine
Luftzahl über eins.

Turbulente vorgemischte teildiffusive Verbrennung

Zur Senkung des Kraftstoffverbrauchs und somit der CO_2-Emission ist das Verfahren der geschichteten Fremdzündung beim Ottomotor, auch Schichtbetrieb genannt, ein vielversprechender Ansatz.

Bei der geschichteten Fremdzündung wird im Extremfall lediglich die Frischluft verdichtet und erst in Nähe des oberen Totpunkts der Kraftstoff eingespritzt sowie zeitnah von der Zündkerze gezündet. Dabei entsteht eine geschichtete Ladung, welche idealerweise in der Nähe der Zündkerze ein Luft-Kraftstoff-Verhältnis von $\lambda \approx 1$ besitzt, um die optimalen Bedingungen für die Entflammung und Verbrennung zu ermöglichen (**Bild 10**). In der Realität jedoch ergeben sich aufgrund der stochastischen Art der Zylinderinnenströmung sowohl fette als auch magere Gemisch-Zonen in der Nähe der Zündkerze. Dies erfordert eine höhere geometrische Genauigkeit in der Abstimmung der idealen Injektor- und Zündkerzenposition, um die Entflammungsrobustheit sicher zu stellen.

Nach erfolgter Zündung stellt sich eine überwiegend turbulente, vorgemischte Ver-

brennung ein, und zwar dort, wo der Kraftstoff schon verdampft innerhalb eines Luft-Kraftstoff-Gemisches vorliegt. Des Weiteren verläuft die Umsetzung eines Teils des Kraftstoffs an der Luft-Kraftstoff-Grenze verdampfender Tropfen als diffusive Verbrennung. Ein weiterer wichtiger Effekt liegt beim Verbrennungsende. Hierbei erreicht die Flamme sehr magere Bereiche, die früher ins Quenching führen, d.h. in den Zustand, bei welchem die thermodynamischen Bedingungen wie Temperatur und Gemischqualität nicht mehr ausreichen, die Flamme weiter fortschreiten zu lassen. Hieraus können sich erhöhte HC- und CO-Emissionen ergeben. Die NO_x-Bildung ist für dieses entdrosselte und verdünnte Brennverfahren im Vergleich zur homogenen stöchiometrischen Verbrennung relativ gering. Der Dreiwegekatalysator ist jedoch wegen des mageren Abgases nicht in der Lage, selbst die geringe NO_x-Emission zu reduzieren. Dies macht eine spezifische Nachbehandlung der Abgase erforderlich, z. B. durch den Einsatz eines NO_x-Speicherkatalysators oder durch die Anwendung der selektiven katalytischen Reduktion unter Verwendung eines geeigneten Reduktionsmittels.

Homogene Selbstzündung

Vor dem Hintergrund einer verschärften Abgasgesetzgebung bei gleichzeitiger Forderung nach geringem Kraftstoffverbrauch ist das Verfahren der homogenen Selbstzündung beim Ottomotor, auch HCCI (Homogeneous Charge Compression Ignition) genannt, eine weitere interessante Alternative. Bei diesem Brennverfahren wird ein stark mit Luft oder Abgas verdünntes Kraftstoffdampf-Luft-Gemisch im Zylinder bis zur Selbstzündung verdichtet. Die Verbrennung erfolgt als Volumenreaktion ohne Ausbildung einer turbulenten Flammenfront oder einer Diffusionsverbrennung (**Bild 11**).

Die thermodynamische Analyse des Arbeitsprozesses verdeutlicht die Vorteile des HCCI-Verfahrens gegenüber der Anwendung anderer ottomotorischer Brennverfahren mit konventioneller Fremdzündung: Die Entdrosselung (hoher Massenanteil, der am thermodynamischen Prozess teilnimmt und drastische Reduktion der Ladungswechselverluste), kalorische Vorteile bedingt durch die Niedrigtemperatur-Umsetzung und die schnelle Wärmefreisetzung führen zu einer Annäherung an den idealen Gleichraumprozess und somit zur Steigerung des thermischen Wirkungsgrades. Da die Selbstzündung und die Verbrennung an unterschiedlichen Orten im Brennraum gleichzeitig beginnen, ist die Flammenausbreitung im Gegensatz zum fremdgezündeten Betrieb nicht von lokalen Randbedingungen abhängig, so dass geringere Zyklusschwankungen auftreten.

Die kontrollierte Selbstzündung bietet die Möglichkeit, den Wirkungsgrad des Arbeitsprozesses unter Beibehaltung des klassischen Dreiwegekatalysators ohne zusätzliche Abgasnachbehandlung zu steigern. Die überwiegend magere Niedrigtemperatur-Wärmefreisetzung bedingt einen sehr niedrigen NO_x-Ausstoß bei ähnlichen HC-Emissionen und reduzierter CO-Bildung im Vergleich zum konventionellen fremdgezündeten Betrieb.

Irreguläre Verbrennung

Unter irregulärer Verbrennung beim Ottomotor versteht man Phänomene wie die klopfende Verbrennung, Glühzündung oder andere Vorentflammungserscheinungen. Eine klopfende Verbrennung äußert sich im Allgemeinen durch ein deutlich hörbares, metallisches Geräusch (Klingeln, Klopfen). Die schädigende Wirkung eines dauerhaften Klopfens kann zum völligen Ausfall des Mo-

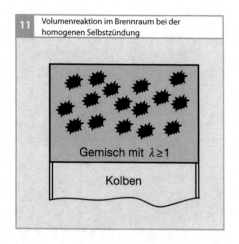

11 Volumenreaktion im Brennraum bei der homogenen Selbstzündung

Gemisch mit $\lambda \geq 1$

Kolben

tors führen. In heutigen Serienmotoren dient eine Klopfregelung dazu, den Motor bei Volllast gefahrlos an der Klopfgrenze zu betreiben. Hierzu wird die klopfende Verbrennung durch einen Sensor detektiert und der Zündwinkel vom Steuergerät entsprechend angepasst. Durch die Anwendung der Klopfregelung ergeben sich weitere Vorteile, insbesondere die Reduktion des Kraftstoffverbrauchs, die Erhöhung des Drehmoments sowie die Darstellung des Motorbetriebs in einem vergrößerten Oktanzahlbereich. Eine Klopfregelung ist allerdings nur dann anwendbar, wenn das Klopfen ein reproduzierbares und wiederkehrendes Phänomen ist.

Der Unterschied zwischen einer regulären und einer klopfenden Verbrennung ist in (Bild 12) dargestellt. Aus dieser wird deutlich, dass der Zylinderdruck bereits vor Klopfbeginn infolge hochfrequenter Druckwellen, welche durch den Brennraum pulsieren, im Vergleich zum nicht klopfenden Arbeitsspiel deutlich ansteigt. Bereits die frühe Phase der klopfenden Verbrennung zeichnet sich also gegenüber dem mittleren Arbeitsspiel (in Bild 12 als reguläre Verbrennung gekennzeichnet) durch einen schnelleren Massenumsatz aus. Beim Klopfen kommt es

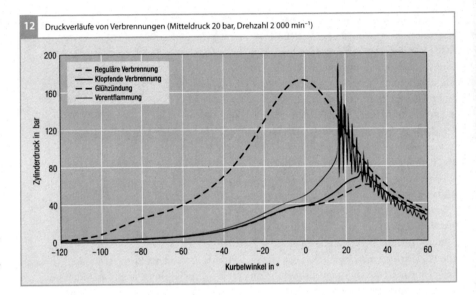

Bild 12
Der Kurbelwinkel ist auf den oberen Totpunkt in der Kompressionsphase (ZOT) bezogen.

zur Selbstzündung in den noch nicht von der Flamme erfassten Endgaszonen. Die stehenden Wellen, die anschließend durch den Brennraum fortschreiten, verursachen das hörbare, klingelnde Geräusch. Im Motorbetrieb wird das Eintreten von Klopfen durch eine Spätverstellung des Zündwinkels vermieden. Dies führt, je nach resultierender Schwerpunktslage der Verbrennung, zu einem nicht unerheblichen Wirkungsgradverlust.

Die Glühzündung führt gewöhnlich zu einer sehr hohen mechanischen Belastung des Motors. Die Entflammung des Frischgemischs erfolgt hierbei teilweise deutlich vor dem regulären Auslösen des Zündfunkens. Häufig kommt es zu einem sogenannten Run-on, wobei nach starkem Klopfen der Zeitpunkt der Entzündung mit jedem weiteren Arbeitsspiel früher erfolgt. Dabei wird ein Großteil des Frischgemisches bereits deutlich vor dem oberen Totpunkt in der Kompressionsphase umgesetzt (**Bild 12**). Druck und Temperatur im Brennraum steigen dabei aufgrund der noch ablaufenden

Kompression stark an. Hat sich die Glühzündung erst eingestellt, kommt es im Gegensatz zur klopfenden Verbrennung zu keinem wahrnehmbaren Geräusch, da die pulsierenden Druckwellen im Brennraum ausbleiben. Solch eine extrem frühe Glühzündung führt meistens zum sofortigen Ausfall des Motors. Bevorzugte Stellen, an denen eine Oberflächenzündung beginnen kann, sind überhitzte Ventile oder Zündkerzen, glühende Verbrennungsrückstände oder sehr heiße Stellen im Brennraum wie beispielsweise Kanten von Kolbenmulden. Eine Oberflächenzündung kann durch entsprechende Auslegung der Kühlkanäle im Bereich des Zylinderkopfs und der Laufbuchse in den meisten Fällen vermieden werden.

Eine Vorentflammung zeichnet sich durch eine unkontrollierte und sporadisch auftretende Selbstentflammung aus, welche vor allem bei kleinen Drehzahlen und hohen Lasten auftritt. Der Zeitpunkt der Selbstentflammung kann dabei von deutlich vor bis zum Zeitpunkt der Zündeinleitung selbst variieren. Betroffen von diesem Phänomen sind generell hoch aufgeladene Motoren mit hohen Mitteldrücken im unteren Drehzahlbereich (Low-End-Torque). Hier entfällt bis heute die Möglichkeit zur effektiven Regelung, die dem Auftreten der Vorentflammung entgegenwirken könnte, da die Ereignisse meist einzeln auftreten und nur selten unmittelbar in mehreren Arbeitsspielen aufeinander folgen. Als Reaktion wird bei Serienmotoren nach heutigem Stand zunächst der Ladedruck reduziert. Tritt weiterhin ein Vorentflammungsereignis auf, wird als letzte Maßnahme die Einspritzung ausgeblendet. Die Folge einer Vorentflammung ist eine schlagartige Umsetzung der verbliebenen Zylinderladung mit extremen Druckgradienten und sehr hohen Spitzendrücken, die teilweise 300 bar erreichen. Im Allgemeinen führt ein Vorentflammungsereignis daraufhin immer zu extremem Klopfen und gleicht vom Ablauf her einer Verbrennung, wie sie sich bei extrem früher Zündeinleitung (Überzündung) darstellt. Die Ursache hierfür ist noch nicht vollends geklärt. Vielmehr existieren auch hier mehrere Erklärungsversuche. Die Direkteinspritzung spielt hier eine relevante Rolle, da zündwillige Tropfen und zündwilliger Kraftstoffdampf in den Brennraum gelangen können. Unter anderem stehen Ablagerungen (Partikel, Ruß usw.) im Verdacht, da sie sich von der Brennraumwand lösen und als Initiator in Betracht kommen. Ein weiterer Erklärungsversuch geht davon aus, dass Fremdmedien (z. B. Öl) in den Brennraum gelangen, welche eine kürzere Zündverzugszeit aufweisen als übliche Kohlenwasserstoff-Bestandteile im Ottokraftstoff und damit das Reaktionsniveau entsprechend herabsetzen. Die Vielfalt des Phänomens ist stark motorabhängig und lässt sich kaum auf eine allgemeine Ursache zurückführen.

Drehmoment, Leistung und Verbrauch

Drehmomente am Antriebsstrang

Die von einem Ottomotor abgegebene Leistung P wird durch das verfügbare Kupplungsmoment M_k und die Motordrehzahl n bestimmt. Das an der Kupplung verfügbare Moment (**Bild 13**) ergibt sich aus dem durch den Verbrennungsprozess erzeugten Drehmoment, abzüglich der Ladungswechselverluste, der Reibung und dem Anteil zum Betrieb der Nebenaggregate. Das Antriebsmoment ergibt sich aus dem Kupplungsmoment abzüglich der an der Kupplung und im Getriebe auftretenden Verluste.

Das aus dem Verbrennungsprozess erzeugte Drehmoment wird im Arbeitstakt (Verbrennung und Expansion) erzeugt und ist bei Ottomotoren hauptsächlich abhängig von:

- der Luftmasse, die nach dem Schließen der Einlassventile für die Verbrennung zur Verfügung steht – bei homogenen Brennverfahren ist die Luft die Führungsgröße,
- die Kraftstoffmasse im Zylinder – bei geschichteten Brennverfahren ist die Kraftstoffmasse die Führungsgröße,
- dem Zündzeitpunkt, zu welchem der Zündfunke die Entflammung und Verbrennung des Luft-Kraftstoff-Gemisches einleitet.

Definition von Kenngrößen

Das instationäre innere Drehmoment M_i im Verbrennungsmotor ergibt sich aus dem Produkt von resultierender tangentialer Kraft F_T und Hebelarm r an der Kurbelwelle:

$$M_i = F_T r. \tag{4}$$

Die am Kurbelradius r wirkende Tangentialkraft F_T (**Bild 14**) resultiert aus der Kolbenkraft des Zylinders F_z, dem Kurbelwinkel φ und dem Pleuelschwenkwinkel β zu:

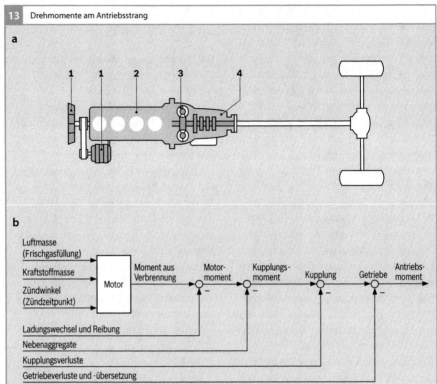

13   Drehmomente am Antriebsstrang

a

b

Bild 13

a schematische An-
ordnung der Kom-
ponenten

b Drehmomente am
Antriebsstrang

1 Nebenaggregate
(Generator, Klima-
kompressor usw.)

2 Motor

3 Kupplung

4 Getriebe

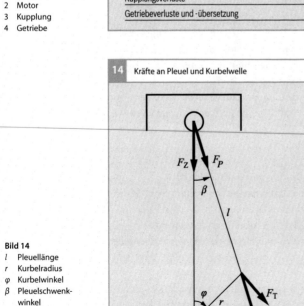

14   Kräfte an Pleuel und Kurbelwelle

Bild 14

l Pleuellänge

r Kurbelradius

φ Kurbelwinkel

β Pleuelschwenk-
winkel

F_Z Kolbenkraft

F_p Pleuelstangenkraft

F_T Tagentialkraft

$$F_T = F_z \, \frac{\sin(\varphi + \beta)}{\cos \beta}. \tag{5}$$

Mit

$$r \sin \varphi = l \sin \beta \tag{6}$$

und der Einführung des Schubstangenver-
hältnisses λ_l

$$\lambda_l = \frac{r}{l} \tag{7}$$

ergibt sich für die Tangentialkraft:

$$F_T = F_z \left(\sin \varphi + \lambda_l \, \frac{\sin \varphi \cos \varphi}{\sqrt{1 - \lambda_l^2 \sin^2 \varphi}} \right). \tag{8}$$

Die Kolbenkraft F_z ist ihrerseits bestimmt
durch das Produkt aus der lichten Kolbenflä-

che A, die sich aus dem Kolbenradius r_K zu

$$A_K = r_K^2 \pi \qquad (9)$$

ergibt und dem Differenzdruck am Kolben, welcher durch den Brennraumdruck p_Z und dem Druck p_K im Kurbelgehäuse gegeben ist:

$$F_Z = A_K(p_Z - p_K) = r_K^2 \pi (p_Z - p_K). \qquad (10)$$

Für das instationäre innere Drehmoment M_i ergibt sich schließlich in Abhängigkeit der Stellung der Kurbelwelle:

$$M_i = r_K^2 \pi (p_Z - p_K)$$
$$\left(\sin \varphi + \lambda_l \frac{\sin \varphi \cos \varphi}{\sqrt{1 - \lambda_l^2 \sin^2 \varphi}} \right) r. \qquad (11)$$

Für die Hubfunktion s, welche die Bewegung des Kolbens bei einem nicht geschränktem Kurbeltrieb beschreibt, folgt aus der Beziehung

$$s = r(1 - \cos \varphi) + l(1 - \cos \beta) \qquad (12)$$

der Ausdruck:

$$s = \left(1 + \frac{1}{\lambda_l} - \cos \varphi - \sqrt{\frac{1}{\lambda_l^2} - \sin^2 \varphi} \right) r. \qquad (13)$$

Damit ist die augenblickliche Stellung des Kolbens durch den Kurbelwinkel φ, durch den Kurbelradius r und durch das Schubstangenverhältnis λ_l beschrieben. Das momentane Zylindervolumen V ergibt sich aus der Summe von Kompressionsendvolumen V_K und dem Volumen, welches sich über die Kolbenbewegung s mit der lichten Kolbenfläche A_K ergibt:

$$V = V_K + A_K s = V_K +$$
$$r_K^2 \pi \left(1 + \frac{1}{\lambda_l} - \cos\varphi - \sqrt{\frac{1}{\lambda_l^2} - \sin^2 \varphi} \right) r. \qquad (14)$$

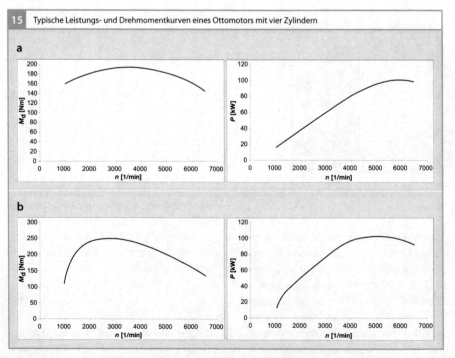

15 Typische Leistungs- und Drehmomentkurven eines Ottomotors mit vier Zylindern

Bild 15
a 1,9 l Hubraum ohne Aufladung
b 1,4 l Hubraum mit Aufladung
n Drehzahl
M_d Drehmoment
P Leistung

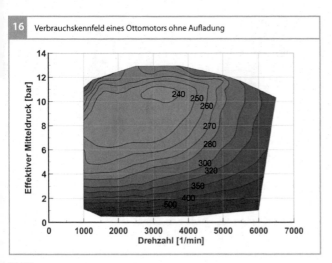

16   Verbrauchskennfeld eines Ottomotors ohne Aufladung

Bild 16
Die Zahlen geben den
Wert für b_e in g/kWh an.

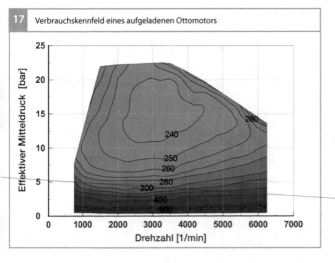

17   Verbrauchskennfeld eines aufgeladenen Ottomotors

Bild 17
Die Zahlen geben
den spezifischen Kraft-
stoffverbrauch b_e
in g/kWh an.

Das am Kurbeltrieb erzeugte Drehmoment
kann in Abhängigkeit des Fahrerwunsches
durch Einstellen von Qualität und Quantität
des Luft-Kraftstoff-Gemisches sowie des
Zündwinkels geregelt werden. Das maximal
erreichbare Drehmoment wird durch die
maximale Füllung und die Konstruktion des
Kurbeltriebs und Zylinderkopfes begrenzt.

Das effektive Drehmoment an der Kurbelwelle M_d entspricht der inneren technischen
Arbeit abzüglich aller Reibungs- und Aggre-
gateverluste. Üblicherweise erfolgt die Auslegung des maximalen Drehmomentes für
niedrige Drehzahlen ($n \approx 2\,000$ min^{-1}), da in
diesem Bereich der höchste Wirkungsgrad
des Motors erreicht wird.

Die innere technische Arbeit W_i kann direkt aus dem Druck im Zylinder und der Vo-
lumenänderung während eines Arbeitsspiels
in Abhängigkeit der Taktzahl n_T berechnet
werden:

$$W_i = \int_{0°}^{\varphi_T} p \frac{dV}{d\varphi} d\varphi, \tag{15}$$

wobei

$$\varphi_T = n_T \cdot 180° \tag{16}$$

beträgt.

Unter Verwendung des an der Kurbelwelle
des Motors abgegebenen Drehmomentes M_d
und der Taktzahl n_T ergibt sich für die effektive Arbeit:

$$W_e = 2\pi \frac{n_T}{2} M_d. \tag{17}$$

Die auftretenden Verluste durch Reibung
und Nebenaggregate können als Differenz
zwischen der inneren Arbeit W_i und der effektiven Nutzarbeit W_e als Reibarbeit W_R angegeben werden:

$$W_R = W_i - W_e. \tag{18}$$

Eine Drehmomentgröße, die das Vergleichen
der Last unterschiedlicher Motoren erlaubt,
ist die spezifische effektive Arbeit w_e, welche
die effektive Arbeit W_e auf das Hubvolumen
des Motors bezieht:

$$w_e = \frac{W_e}{V_H}. \tag{19}$$

Da es sich bei dieser Größe um den Quoti-
enten aus Arbeit und Volumen handelt, wird

diese oft als effektiver Mitteldruck p_{me} bezeichnet.

Die effektiv vom Motor abgegebene Leistung P resultiert aus dem erreichten Drehmoment M_d und der Motordrehzahl n zu:

$$P = 2\pi M_d n. \qquad (20)$$

Die Motorleistung steigt bis zur Nenndrehzahl. Bei höheren Drehzahlen nimmt die Leistung wieder ab, da in diesem Bereich das Drehmoment stark abfällt.

Verläufe

Typische Leistungs- und Drehmomentkurven je eines Motors ohne und mit Aufladung, beide mit einer Leistung von 100 kW, werden in Bild 15 dargestellt.

Spezifischer Kraftstoffverbrauch

Der spezifische Kraftstoffverbrauch b_e stellt den Zusammenhang zwischen dem Kraftstoffaufwand und der abgegebenen Leistung des Motors dar. Er entspricht damit der Kraftstoffmenge pro erbrachte Arbeitseinheit und wird in g/kWh angegeben. Die Bilder 16 und 17 zeigen typische Werte des spezifischen Kraftstoffverbrauchs im homogenen, fremdgezündeten Betriebskennfeld eines Ottomotors ohne und mit Aufladung.

Kraftstoffversorgung

Überblick

Aufgabe des Kraftstoffversorgungssystems ist es, den Kraftstoff vom Tank in definierter Menge mit einem spezifizierten Druck zum Verbrennungsmotor im Motorraum zu fördern. Die jeweilige Schnittstelle bildet beim Motor mit Saugrohreinspritzung (SRE) der Kraftstoffverteiler mit den Saugrohr-Einspritzventilen und beim Motor mit Benzin-Direkteinspritzung (BDE) die Hochdruckpumpe.

Der grundsätzliche Aufbau der Kraftstoffversorgungssysteme ist für beide Einspritzarten ähnlich: der Kraftstoff wird aus dem Tank (dem Kraftstoffspeicher) mittels einer Elektrokraftstoffpumpe durch Kraftstoffleitungen aus Stahl oder Kunststoff zum Motor gefördert. Unterschiedliche Anforderungen führen aber zum Teil zu abweichenden Systemauslegungen und einer Vielfalt an Varianten.

Bei der Saugrohreinspritzung fördert eine Elektrokraftstoffpumpe den Kraftstoff aus dem Tank über die Leitungen und den Kraftstoffverteiler (auch Kraftstoff-Rail genannt) direkt zu den Einspritzventilen. Bei der Benzin-Direkteinspritzung wird der Kraftstoff ebenfalls mit einer Elektrokraftstoffpumpe aus dem Tank gefördert, anschließend wird er jedoch durch eine Hochdruckpumpe zunächst auf einen höheren Druck verdichtet und danach den Hochdruck-Einspritzventilen zugeführt.

Kraftstoffförderung bei Saugrohreinspritzung

Eine Elektrokraftstoffpumpe (EKP) fördert den Kraftstoff und erzeugt den Einspritzdruck, der bei der Saugrohreinspritzung typischerweise etwa 0,3...0,4 MPa (3...4 bar) beträgt. Der aufgebaute Kraftstoffdruck verhindert weitgehend die Bildung von Dampfblasen im Kraftstoffsystem. Ein in die Pumpe integriertes Rückschlagventil unterbindet das Rückströmen von Kraftstoff durch die Pumpe zurück zum Kraftstoffbehälter und erhält so den Systemdruck abhängig vom Abkühlverlauf des Kraftstoffsystems und von internen Leckagen auch nach Abschalten der Elektrokraftstoffpumpe noch einige Zeit aufrecht. So wird die Bildung von Dampfblasen im Kraftstoffsystem bei erhöhten Kraftstofftemperaturen auch nach Abstellen des Motors verhindert.

Es existieren unterschiedliche Arten von Kraftstoffversorgungssystemen. Prinzipiell unterscheidet man vollfördernde und bedarfsgeregelte Systeme. Bei den vollfördernden Systemen wird zwischen Systemen mit Rücklauf vom Motor und rücklauffreien Systemen unterschieden.

System mit Rücklauf
Der Kraftstoff wird von der Kraftstoffpumpe (**Bild 1, Pos. 2**) aus dem Kraftstoffbehälter (1) angesaugt und durch den Kraftstofffilter (3) und die Druckleitung (4) zum am Motor montierten Kraftstoffverteiler (5) gefördert. Über den Kraftstoffverteiler werden die Einspritzventile (7) mit Kraftstoff versorgt. Ein am Rail angebrachter mechanischer Druckregler (6) hält durch seine direkte Referenz zum Saugrohr den Differenzdruck zwischen Einspritzventilen und Saugrohr konstant – unabhängig vom absoluten Saugrohrdruck, d. h. von der Motorlast.

Der vom Motor nicht benötigte Kraftstoff strömt durch das Rail über eine am Druckregler angeschlossene Rücklaufleitung (8) zurück in den Kraftstoffbehälter. Der überschüssige, im Motorraum erwärmte Kraftstoff führt zu einem Anstieg der Kraftstofftemperatur im Tank. Abhängig von dieser Temperatur entstehen Kraftstoffdämpfe. Diese werden umweltschonend über ein Tankentlüftungssystem in einem Aktivkohlefilter zwischengespeichert und über das

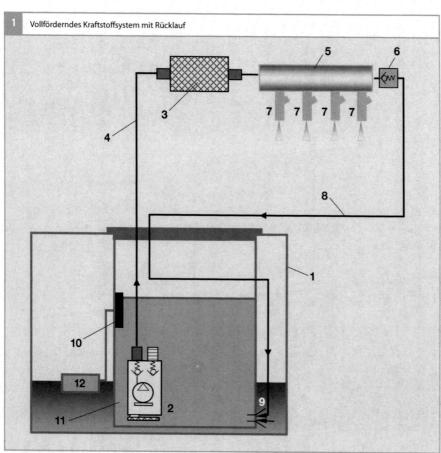

1 Vollförderndes Kraftstoffsystem mit Rücklauf

Bild 1
1 Kraftstoffbehälter
2 Elektrokraftstoff-
 pumpe
3 Kraftstofffilter
4 Kraftstoffleitung
5 Kraftstoffverteiler
6 Druckregler
7 Einspritzventile
8 Rücklaufleitung
9 Saugstrahlpumpe
10 Tankfüllstandsgeber
11 Reservoir
12 Schwimmer

Saugrohr der angesaugten Luft und somit dem Motor zugeführt. Mit dem vom motornahen Druckregler (6) zurückströmenden Kraftstoff wird am Tankeinbaumodul eine Saugstrahlpumpe (9, auch Saugstrahl-Düse genannt) angetrieben, mit deren Treibmenge ein Kraftstoff-Förderstrom in ein Reservoir gefördert wird, um der Elektrokraftstoffpumpe (2) unter allen Bedingungen immer ein sicheres Ansaugen zu ermöglichen.

Rücklauffreies System
Beim rücklauffreien Kraftstoffversorgungssystem (**Bild 2**) befindet sich der Druckregler (6) im Kraftstoffbehälter und ist Bestandteil des Tankeinbaumoduls. Dadurch entfällt die Rücklaufleitung vom Motor zum Kraftstoffbehälter. Da der Druckregler aufgrund seines Anbauorts keine Referenz zum Saugrohrdruck hat, hängt der relative Einspritzdruck, der über dem Einspritzventil abfällt, hier von der Motorlast ab. Dies wird bei der Berechnung der Einspritzzeit im Motorsteuergerät berücksichtigt.

Dem Kraftstoffverteiler (5) wird nur die Kraftstoffmenge zugeführt, die auch einge-

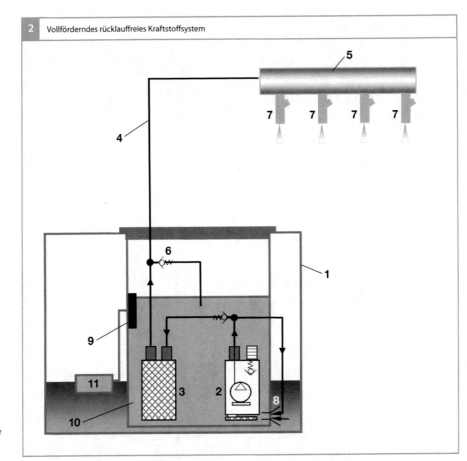

2 Vollförderndes rücklauffreies Kraftstoffsystem

Bild 2
1 Kraftstoffbehälter
2 Elektrokraftstoff-
  pumpe
3 Kraftstofffilter
4 Kraftstoffleitung
5 Kraftstoffverteiler
  (Rail)
6 Druckregler
7 Einspritzventile
8 Saugstrahlpumpe
9 Tankfüllstandsgeber
10 Reservoir
11 Schwimmer

spritzt wird. Die von der vollfördernden
Elektrokraftstoffpumpe (2) geförderte Mehrmenge wird direkt vom tanknahen Druckregler (6) in den Kraftstoffbehälter geleitet,
ohne den Umweg über den Motorraum zu
nehmen. Daher ist die Erwärmung des
Kraftstoffs im Kraftstoffbehälter und damit
auch die Kraftstoffverdunstung deutlich geringer als beim System mit Rücklauf. Aufgrund dieser Vorteile werden heute überwiegend rücklauffreie Systeme eingesetzt. Die
Saugstrahlpumpe (8) wird in diesem System
direkt im Fördermodul aus dem Vorlauf der
Elektrokraftstoffpumpe betrieben.

Bedarfsgeregeltes System
Beim bedarfsgeregelten System (**Bild 3**) wird
von der Kraftstoffpumpe nur die aktuell vom
Motor verbrauchte und zur Einstellung des
gewünschten Drucks notwendige Kraftstoffmenge gefördert. Die Druckeinstellung erfolgt über eine modellbasierte Vorsteuerung
und einen geschlossenen Regelkreis, wobei
der aktuelle Kraftstoffdruck über einen Nie-
derdrucksensor erfasst wird. Der mechanische Druckregler entfällt und wird durch ein
Druckbegrenzungsventil ersetzt (Pressure
Relief Valve PRV), damit sich auch bei
Schubabschaltung oder nach Abstellen des
Motors kein zu hoher Druck aufbauen kann.

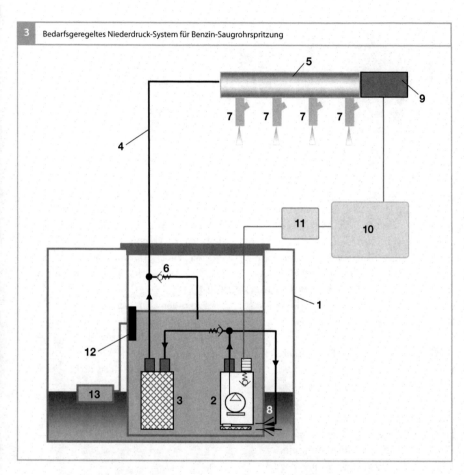

3 Bedarfsgeregeltes Niederdruck-System für Benzin-Saugrohrspritzung

Bild 3
1 Kraftstoffbehälter
2 Elektrokraftstoff-
  pumpe
3 Kraftstofffilter
4 Kraftstoffleitung
5 Kraftstoffverteiler
6 Druckbegrenzungs-
  ventil
7 Einspritzventile
8 Saugstrahlpumpe
9 Kraftstoff-Drucksen-
  sor (für Niederdruck)
10 Motorsteuergerät
11 Pumpenelektronik-
  modul
12 Tankfüllstandsgeber
13 Schwimmer

Zur Einstellung der Fördermenge wird die Betriebsspannung der Kraftstoffpumpe über ein vom Motorsteuergerät angesteuertes Pumpelektronikmodul eingestellt. Der Druck variiert in diesem System zwischen 250 und 600 kPa relativ zur Umgebung, kann aber auch auf einen konstanten Wert eingestellt werden.

Aufgrund der Bedarfsregelung wird kein überschüssiger Kraftstoff komprimiert und somit die Pumpenleistung auf das gerade erforderliche Maß minimiert. Dies führt gegenüber Systemen mit vollfördernder Pumpe zu einer Senkung des Kraftstoffver-brauchs. So kann auch die Kraftstofftempe-ratur im Tank gegenüber dem rücklauffreien System noch weiter reduziert werden.

Weitere Vorteile des bedarfsgeregelten Systems ergeben sich aus dem variabel ein-stellbaren Kraftstoffdruck. Zum einen kann der Druck beim Heißstart erhöht werden, um die Bildung von Dampfblasen zu ver-meiden. Zum anderen kann vor allem bei Turbomotoren der Zumessbereich der Ein-spritzventile erweitert werden (durch Ein-spritzmengenspreizung), indem bei Volllast eine Druckanhebung und bei sehr kleinen Lasten eine Druckabsenkung realisiert wird. Eine zunehmend genutzte Möglichkeit be-steht auch darin, den Einspritzdruck beim

Einspritzart	Saugrohreinspritzung		Benzindirekteinspritzung
Variante	Konstanter Druck	Variabler Druck	Variabler Druck
Druck in kPa	≈ 350	250 … 600	200 … 600
Vorteile gegenüber konstanter Fördermenge		– Erweiterter Zumessbereich – Bessere Gemischaufbereitung im Kaltstart	Besserer Heißstart

Tabelle 1
Eigenschaften bedarfsgeregelter Kraftstoffsysteme

Kaltstart zu erhöhen, um damit die Zerstäubung und Gemischaufbereitung der Einspritzventile zu verbessern.

Des Weiteren ergeben sich mithilfe des gemessenen Kraftstoffdrucks verbesserte Diagnosemöglichkeiten des Kraftstoffsystems gegenüber bisherigen Systemen. Darüber hinaus führt die Berücksichtigung des aktuellen Kraftstoffdrucks bei der Berechnung der Einspritzzeit zu einer präziseren Kraftstoffzumessung.

Kraftstoffförderung bei Benzin-Direkteinspritzung

Bei der direkten Einspritzung von Kraftstoff in den Brennraum steht im Vergleich zur Einspritzung in das Saugrohr nur ein verkürztes Zeitfenster zur Verfügung. Auch kommt der Gemischaufbereitung eine erhöhte Bedeutung zu. Daher muss der Kraftstoff bei der Direkteinspritzung mit deutlich höherem Druck eingespritzt werden als bei der Saugrohreinspritzung. Das Kraftstoffsystem unterteilt sich in Niederdruckkreislauf und Hochdruckkreislauf.

Niederdruckkreis
Für den Niederdruckkreislauf eines Systems zur Benzin-Direkteinspritzung kommen im Prinzip die aus der Saugrohreinspritzung bekannten Kraftstoffsysteme und Komponenten zum Einsatz. Da die im Hochdruckkreislauf eingesetzten Hochdruckpumpen zur Vermeidung von Dampfblasenbildung im Heißstart und Heißbetrieb einen erhöhten Vorförderdruck (Vordruck) benötigen, ist es

vorteilhaft, Systeme mit variablem Niederdruck einzusetzen. Bedarfsgeregelte Niederdrucksysteme eignen sich hier besonders gut, da sich für jeden Betriebszustand des Motors der jeweils optimale Vordruck für die Hochdruckpumpe einstellen lässt. Die entsprechenden Anforderungen sind in Tabelle 1 dargestellt, eine Realisierung in Bild 4.

Es kommen aber auch noch rücklauffreie Systeme mit umschaltbarem Vordruck – gesteuert über ein Absperrventil – oder Systeme mit konstant hohem Vordruck zum Einsatz, die aber energetisch als nicht optimal zu bewerten sind.

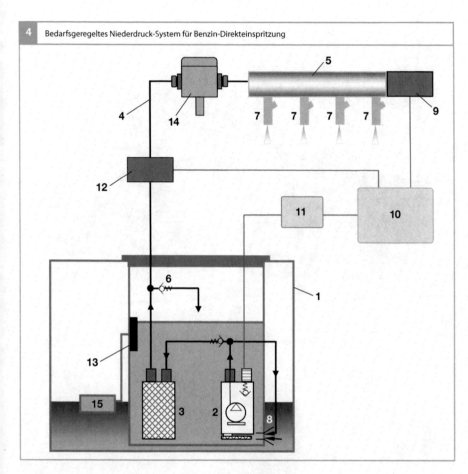

4 Bedarfsgeregeltes Niederdruck-System für Benzin-Direkteinspritzung

Bild 4
1 Kraftstoffbehälter
2 Elektrokraftstoff-
   pumpe
3 Kraftstofffilter (in-
   tern)
4 Kraftstoffleitung
5 Kraftstoffverteiler
   (Rail)
6 Druckbegrenzungs-
   ventil
7 Hochdruck-Ein-
   spritzventile
8 Saugstrahlpumpe
9 Drucksensor (für
   Hochdruck)
10 Motorsteuergerät
11 Pumpenelektronik-
   modul
12 Drucksensor (für
   Niederdruck)
13 Tankfüllstandsgeber
14 Hochdruckpumpe
15 Schwimmer

Komponenten der Kraftstoff-
förderung

Elektrokraftstoffpumpe

Aufgabe

Die Elektrokraftstoffpumpe muss dem Mo-
tor in allen Betriebszuständen ausreichend
Kraftstoff mit dem zum Einspritzen nötigen
Druck zuführen. Die wesentlichen Anforde-
rungen sind:
- Fördermenge zwischen 60 und 300 *l*/h bei
  Nennspannung,
- Druck im Kraftstoffsystem zwischen 250
  und 600 kPa relativ zur Umgebung,

- Aufbau des Kraftstoffdruckes ab 50…60 %
  der Nennspannung; bestimmend hierfür
  ist der Betrieb bei Kaltstart.

Außerdem dient die Elektrokraftstoffpumpe
zunehmend als Vorförderpumpe für moderne Direkteinspritzsysteme sowohl für
Benzin- als auch für Dieselmotoren. Für die
Benzin-Direkteinspritzung sind beim Heiß-
förderbetrieb zumindest zeitweise Drücke
bis 650 kPa bereitzustellen.

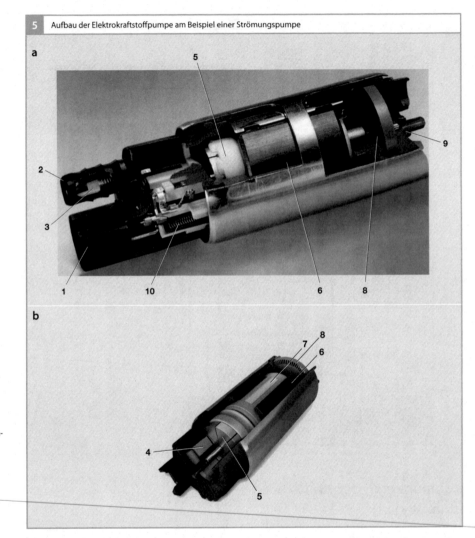

5 Aufbau der Elektrokraftstoffpumpe am Beispiel einer Strömungspumpe

a

b

Bild 5

a, b verschiedene Varianten

1 elektrischer Anschluss
2 hydraulischer Anschluss (Kraftstoffauslass)
3 Rückschlagventil
4 Kohlebürsten
5 Kommutator
6 Ständer mit Permanentmagnet
7 Läufer
8 Laufrad der Strömungspumpe
9 hydraulischer Anschluss (Kraftstoffzufluss)
10 Drosselspule

Aufbau

Die Elektrokraftstoffpumpe wird von einem Elektromotor angetrieben (**Bild 5**). Standard bei diesem Motor sind ein Ständer mit Permanentmagneten und ein Läufer mit Kupferkommutator. Für hohe Leistungen, Sonderanwendungen und Dieselsysteme werden auch zunehmend Kohlekommutatoren eingesetzt. Bei neuen Fahrzeugen am Markt werden auch zunehmend elektronische Kommutierungssysteme ohne Kommutator und Kohlebürsten verwendet. Das Pumpenteil ist als Verdränger- oder als Strömungspumpe ausgeführt. Weitere Bestandteile sind der Anschlussdeckel mit elektrischen Anschlüssen, das Rückschlagventil (gegen Auslaufen des Kraftstoffsystems), bei Bedarf ein Druckbegrenzungsventil sowie der hydraulische Ausgang. Der Anschlussdeckel enthält üblicherweise auch die Kohlebürsten für den Betrieb des Kommutator-Antriebsmotors und Elemente für die Funkentstörung (Drosselspulen und ggf. Kondensatoren).

Verdrängerpumpe

In einer Verdrängerpumpe werden grundsätzlich Flüssigkeitsvolumina angesaugt und in einem (abgesehen von Undichtheiten) abgeschlossenen Raum durch die Rotation des Pumpelements zur Hochdruckseite transportiert. Für die Elektrokraftstoffpumpe kommen hauptsächlich die *Rollenzellenpumpe* (Bild 6a)und die *Innenzahnradpumpe* (Bild 6b) zur Anwendung. Verdrängerpumpen sind vorteilhaft für Niederdrucksysteme mit hohen Systemdrücken (450 kPa und mehr) und haben ein gutes Niederspannungsverhalten, d. h. eine relativ „flache" Förderleistungskennlinie über der Betriebsspannung. Der Wirkungsgrad kann bis zu 25 % betragen. Je nach Detailausführung und Einbausituation können die unvermeidlichen Druckpulsationen Geräusche verursachen.

Während für die klassische Funktion der Elektrokraftstoffpumpe in elektronischen Benzineinspritzsystemen die Verdrängerpumpe von der Peripheralpumpe weitgehend abgelöst wurde, ergibt sich für die Verdrängerpumpe ein neues Anwendungsfeld bei der Vorförderung für Direkteinspritzsysteme (Benzin und Diesel) mit ihren wesentlich erweiterten Druckbedarf und Viskositätsbereich.

Peripheralpumpe

Für Niederdrucksysteme bis 600 kPa haben sich Peripheralpumpen (Bild 6c) durchgesetzt. Die Peripheralpumpe ist eine Strömungspumpe. Ein mit zahlreichen Schaufeln (6) im Bereich des Umfangs versehenes Laufrad dreht sich in einer aus zwei feststehenden Gehäuseteilen bestehenden Kammer. Diese Gehäuseteile weisen im Bereich der Laufradschaufeln jeweils einen Kanal (7) auf. Die Kanäle beginnen in Höhe der Saugöffnung (9) und enden dort, wo der Kraftstoff das Pumpenteil mit Systemdruck verlässt (10). Zur Verbesserung der Heiß-

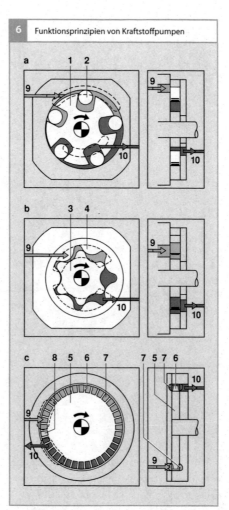

6 Funktionsprinzipien von Kraftstoffpumpen

Bild 6
a   Rollenzellenpumpe (RZP)
b   Innenzahnradpumpe (IZP)
c   Peripheralpumpe (PP)

1   Nutscheibe (exzentrisch)
2   Rolle
3   inneres Antriebsrad
4   Läufer (exzentrisch)
5   Laufrad
6   Laufradschaufeln
7   Kanal
8   „Unterbrecher"
9   Saugöffnung
10   Auslass

fördereigenschaften befindet sich in einem gewissen Winkelabstand von der Ansaugöffnung eine kleine Entgasungsbohrung, die (unter Inkaufnahme einer minimalen Leckage) den Austritt eventueller Gasblasen ermöglicht. Der Druck baut sich längs des Kanals durch den Impulsaustausch zwischen den Laufradschaufeln und der Flüssigkeit auf. Die Folge davon ist eine spiralförmige Rotation des im Laufrad und in den Kanälen befindlichen Flüssigkeitsvolumens. Peripheralpumpen sind geräuscharm, da der Druckaufbau kontinuierlich und nahezu

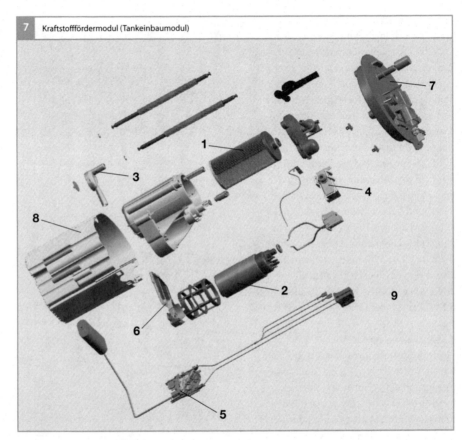

7 Kraftstofffördermodul (Tankeinbaumodul)

Bild 7
1 Kraftstofffilter
2 Elektrokraftstoff-
   pumpe
3 Strahlpumpe
   (geregelt)
4 Kraftstoffdruckregler
5 Tankfüllstandssensor
6 Vorfilter
7 Modulflansch
8 Reservoir

pulsationsfrei erfolgt. Die Konstruktion ist gegenüber Verdrängerpumpen deutlich vereinfacht. Systemdrücke bis 650 kPa sind auch mit einstufigen Pumpen erreichbar. Der Wirkungsgrad dieser Pumpen beträgt bis zu 26 %.

Ausblick
Die Kraftstoffversorgung vieler moderner Fahrzeuge erfolgt durch bedarfsgesteuerte Kraftstofffördersysteme. In diesen Systemen treibt ein Elektronikmodul die Pumpe in Abhängigkeit vom erforderlichen Druck an, der durch einen Kraftstoffdrucksensor gemessen wird. Die Vorteile solcher Systeme sind:

- geringerer Stromverbrauch,
- reduzierter Wärmeeintrag durch den Elektromotor,
- reduziertes Pumpengeräusch,
- Einstellmöglichkeit variabler Drücke im Kraftstoffsystem.

Bei zukünftigen Systemen wird die reine Pumpenregelung um weitere Funktionen erweitert, z. B. um die Tankleckdiagnose und die Auswertung des Tankfüllstandsensorsignals. Um den steigenden Anforderungen bezüglich Druck und Lebensdauer sowie den weltweit unterschiedlichen Kraftstoffqualitäten gerecht zu werden, werden bürstenlose Motoren mit elektronischer Kommutierung in Zukunft eine bedeutendere Rolle spielen.

Kraftstofffördermodule

Während in den Anfängen der elektronischen Benzineinspritzung die Elektrokraftstoffpumpe ausschließlich außerhalb des Tanks angeordnet war, überwiegt heute der Tankeinbau der Elektrokraftstoffpumpe (Bild 7). Dabei ist die Elektrokraftstoffpumpe (2) Bestandteil eines Kraftstofffördermoduls, das weitere Elemente umfassen kann:

- einen Topf (8) als Kraftstoffreservoir für die Kurvenfahrt (meist aktiv befüllt durch eine Saugstrahlpumpe (3) oder passiv durch ein Klappensystem, Umschaltventil o. Ä.),
- einen Tankfüllstandsensor (5),
- einen Druckregler (4) bei rücklauffreien Systemen (RLFS),
- einen Vorfilter (6) zum Schutz der Pumpe,
- einen druckseitigen Kraftstofffilter (1), der über die gesamte Fahrzeuglebensdauer nicht gewechselt werden muss,
- elektrische und hydraulische Anschlüsse im Modulflansch (7).

Darüber hinaus können Tankdrucksensoren (zur Tankleckagediagnose), Kraftstoffdruck-sensoren (für bedarfsgeregelte Systeme) sowie Ventile integriert werden.

Benzinfilter

Aufgabe des Benzinfilters ist die Aufnahme und die dauerhafte Speicherung von Schmutzpartikeln aus dem Kraftstoff, um das Einspritzsystem vor Verschleiß durch Partikelerosion zu schützen.

Aufbau

Kraftstofffilter für Ottomotoren werden druckseitig hinter der Kraftstoffpumpe angeordnet. Bei neueren Fahrzeugen werden bevorzugt Intank-Filter eingesetzt, d. h., der Filter ist in den Kraftstoffbehälter integriert. Er ist in diesem Fall immer als Lifetime-Filter (Lebensdauerfilter) ausgelegt, der während der Lebensdauer des Fahrzeugs nicht gewechselt werden muss. Daneben werden weiterhin Inline-Filter (Leitungseinbaufilter) eingesetzt, die in die Kraftstoffleitung eingebaut werden. Diese können als Wechselteil oder als Lebensdauerbauteil ausgelegt sein. Das Filtergehäuse ist aus Stahl, Aluminium

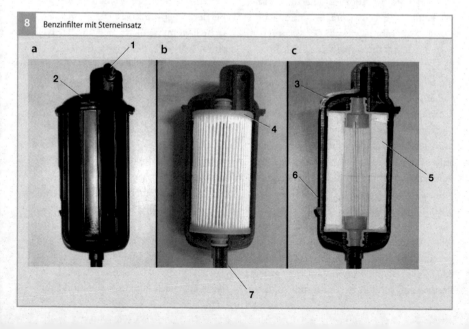

8   Benzinfilter mit Sterneinsatz

Bild 8
a   Filtergehäuse
b   Filterelement
c   Querschnitt

1   Kraftstoffaustritt
2   Filterdeckel
3   innenverschweißte Kante
4   Stützscheibe
5   Filtermedium
6   Filtergehäuse
7   Kraftstoffeintritt

oder Kunststoff gefertigt. Es wird durch einen Gewinde-, einen Schlauch- oder einen einrastenden Schnellanschluss (sog. Quick-Connector) mit der Kraftstoffzuleitung verbunden. In dem Gehäuse befindet sich der Filtereinsatz, der die Schmutzpartikel aus dem Kraftstoff herausfiltert. Der Filtereinsatz ist so in den Kraftstoffkreislauf integriert, dass die gesamte Oberfläche des Filtermediums möglichst mit gleicher Fließgeschwindigkeit von Kraftstoff durchströmt wird.

Filtermedium

Als Filtermedium werden spezielle Mikrofaserpapiere mit Harzimprägnierung eingesetzt, die bei höheren Anforderungen zusätzlich mit einer Kunstfaserschicht (Meltblown) verbunden sind. Dieser Verbund muss eine hohe mechanische, thermische und chemische Stabilität gewährleisten. Die Papierporosität und die Porenverteilung des Filterpapiers bestimmen den Schmutzabscheidegrad und den Durchflusswiderstand des Filters.

Filter für Benzinmotoren werden in Wickel- oder Sternausführung gefertigt. Beim Wickelfilter wird ein geprägtes Filterpapier um ein Stützrohr gewickelt. Der verunreinigte Kraftstoff durchfließt den Filter in Längsrichtung. Beim Sternfilter (**Bild 8**) wird das Filterpapier gefaltet und sternförmig ins Gehäuse eingelegt. Kunststoff-, Harz- oder Metallendscheiben sowie ggf. ein innerer Stützmantel sorgen für Stabilität. Der verunreinigte Kraftstoff durchfließt den Filter von außen nach innen, die Schmutzpartikel werden dabei vom Filtermedium abgeschieden.

Filtrationseffekte

Das Abscheiden fester Schmutzpartikel erfolgt sowohl durch den Siebeffekt als auch durch Aufprall-, Diffusions- und Sperreffekte. Der Siebeffekt beruht darauf, dass größere Partikel aufgrund ihrer Abmessungen die Poren des Filters nicht passieren können. Kleinere Partikel hingegen bleiben, wenn sie auf Fasern des Filtermediums stoßen, an ihnen haften. Dabei unterscheidet man drei Mechanismen: Beim Sperreffekt werden die Partikel mit der Kraftstoffströmung um die Faser gespült, berühren diese jedoch am Rand und werden durch intermolekulare Kräfte dort gehalten. Schwerere Partikel folgen aufgrund ihrer Massenträgheit nicht dem Kraftstoffstrom um die Filterfaser, sondern stoßen frontal auf sie (Aufpralleffekt). Beim Diffusionseffekt berühren sehr kleine Partikel aufgrund ihrer Eigenbewegung (Brownsche Molekularbewegung) zufällig eine Filterfaser, an der sie haften bleiben. Die Abscheidegüte der einzelnen Effekte hängt von der Größe, dem Material und der Durchflussgeschwindigkeit der Teilchen ab.

Anforderungen

Die erforderliche Filterfeinheit hängt vom Einspritzsystem ab. Für Systeme mit Saugrohreinspritzung hat der Filtereinsatz eine mittlere Porenweite von ca. 10 μm. Für die Benzin-Direkteinspritzung ist eine feinere Filtrierung erforderlich. Die mittlere Porenweite liegt im Bereich von 5 μm. Partikel mit einer Größe von mehr als 5 μm müssen zu 85 % abgeschieden werden. Darüber hinaus muss ein Filter für Benzin-Direkteinspritzung im Neuzustand folgende Restschmutzforderung erfüllen: Metall-, Mineral- und Kunststoffpartikel sowie Glasfasern mit Durchmessern von mehr als 200 μm müssen zuverlässig aus dem Kraftstoff gefiltert werden.

Die Filterwirkung hängt von der Durchströmungsrichtung ab. Beim Wechsel von Inline-Filtern muss deshalb die auf dem Gehäuse mit einem Pfeil angegebene Durchflussrichtung eingehalten werden. Das Wechselintervall herkömmlicher Inline-Filter liegt je nach Filtervolumen und Kraftstoffverschmutzung normalerweise zwischen 30 000 km und 90 000 km. Intank-Filter erreichen in der Regel Wechselintervalle von mindestens 160 000 km. Für Systeme mit Benzin-Direkteinspritzung gibt es Filter (Intank und Inline) mit einer Standzeit von über 250 000 km.

Kraftstoffdruckregler

Aufgabe
Bei der Saugrohreinspritzung ist die vom Einspritzventil eingespritzte Kraftstoffmenge abhängig von der Einspritzzeit und von der Druckdifferenz zwischen Kraftstoffdruck im Kraftstoffverteiler und Gegendruck im Saugrohr. Bei Systemen mit Rücklauf wird der Druckeinfluss kompensiert, indem ein Druckregler die Differenz zwischen Kraftstoffdruck und Saugrohrdruck konstant hält. Dieser Druckregler lässt gerade so viel Kraftstoff zum Kraftstoffbehälter zurückfließen, dass das Druckgefälle an den Einspritzventilen konstant bleibt. Zur vollständigen Durchspülung des Kraftstoffverteilers ist der Kraftstoffdruckregler normalerweise an dessen Ende montiert. Bei rücklauffreien Systemen sitzt der Druckregler in der Tankeinbaueinheit im Kraftstoffbehälter. Der Kraftstoffdruck im Kraftstoffverteilerrohr wird auf einen konstanten Wert gegenüber dem Umgebungsdruck geregelt. Die Druckdifferenz zum Saugrohrdruck ist daher nicht konstant und wird bei der Berechnung der Einspritzdauer berücksichtigt.

Aufbau und Arbeitsweise
Der Kraftstoffdruckregler ist als membrangesteuerter Überströmdruckregler ausgebildet (**Bild 9**). Eine Gummigewebemembran (4) teilt den Kraftstoffdruckregler in eine Kraftstoffkammer und in eine Federkammer. Die Feder (2) presst über den in die Membran integrierten Ventilträger (3) eine beweglich gelagerte Ventilplatte auf einen Ventil-

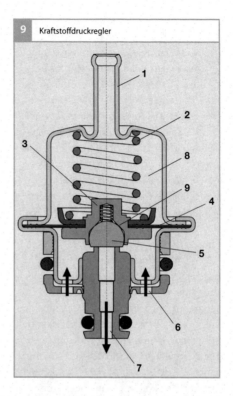

9 Kraftstoffdruckregler

Bild 9
1 Saugrohranschluss
2 Feder
3 Ventilträger
4 Membran
5 Ventil
6 Kraftstoffzulauf
7 Kraftstoffrücklauf
8 Federkammer
9 Ventilsitz

sitz. Wenn die durch den Kraftstoffdruck auf die Membran ausgeübte Kraft die Federkraft überschreitet, öffnet das Ventil und lässt gerade so viel Kraftstoff zum Kraftstoffbehälter fließen, dass sich an der Membran ein Kräftegleichgewicht einstellt. Die Federkammer ist pneumatisch mit dem Sammelsaugrohr hinter der Drosselklappe verbunden. Der Saugrohrunterdruck wirkt dadurch auch in der Federkammer. An der Membran steht damit das gleiche Druckverhältnis an wie an den Einspritzventilen. Das Druckgefälle an den Einspritzventilen hängt deshalb allein von der Federkraft und der Membranfläche ab und bleibt folglich konstant.

Kraftstoffdruckdämpfer
Das Takten der Einspritzventile und das periodische Ausschieben von Kraftstoff bei Elektrokraftstoffpumpen nach dem Verdrän-

gerprinzip führt zu Schwingungen des Kraftstoffdrucks. Diese Schwingungen können Druckresonanzen verursachen und damit die Zumessgenauigkeit des Kraftstoffs beeinträchtigen. Die Schwingungen können sich unter Umständen auch über die Befestigungselemente von Elektrokraftstoffpumpe, Kraftstoffleitungen und Kraftstoffverteilerrohr auf den Kraftstoffbehälter und die Karosserie des Fahrzeugs übertragen und Geräusche verursachen. Diese Probleme werden durch eine gezielte Gestaltung der Befestigungselemente und durch den Einsatz spezieller Kraftstoffdruckdämpfer vermieden.

Der Kraftstoffdruckdämpfer ist ähnlich aufgebaut wie der Kraftstoffdruckregler, jedoch ohne den Überströmpfad. Wie bei diesem trennt eine federbelastete Membran den Kraftstoff- und den Luftraum. Die Federkraft ist so dimensioniert, dass die Membran von ihrem Sitz abhebt, sobald der Kraftstoffdruck seinen Arbeitsbereich erreicht. Der dadurch variable Kraftstoffraum kann beim Auftreten von Druckspitzen Kraftstoff aufnehmen und beim Absinken des Drucks wieder Kraftstoff

abgeben. Um bei saugrohrbedingter Schwankung des Kraftstoffabsolutdrucks stets im günstigsten Betriebsbereich zu arbeiten, kann die Federkammer mit einem Saugrohranschluss versehen sein. Wie der Kraftstoffdruckregler kann auch der Kraftstoffdruckdämpfer am Kraftstoffverteilerstück oder in der Kraftstoffleitung sitzen. Bei der Benzin-Direkteinspritzung ergibt sich als zusätzlicher Anbauort die Hochdruckpumpe.

Rückhaltesysteme für Kraftstoffdämpfe, Tankentlüftung

Fahrzeuge mit Ottomotor sind mit einem Kraftstoffdampf-Rückhaltesystem (Tankentlüftungssystem) ausgestattet, um zu verhindern, dass der im Kraftstoffbehälter ausdampfende Kraftstoff in die Umgebung gelangt. Die maximal zulässigen Verdunstungsemissionen von Kohlenwasserstoffen sind in der Abgasgesetzgebung festgelegt.

Entstehung von Kraftstoffdämpfen
Vermehrte Ausdampfung von Kraftstoff aus dem Kraftstoffbehälter entsteht durch Erwärmung des Kraftstoffs im Kraftstoffbehälter aufgrund erhöhter Umgebungstemperatur, durch benachbarte heiße Bauteile (z. B. Abgasanlage) oder durch den Rücklauf von erwärmtem Kraftstoff in den Tank, und durch Abnahme des Umgebungsdrucks, z. B. bei einer Fahrt bergauf.

Aufbau und Arbeitsweise
Der Kraftstoffdampf wird über eine Entlüftungsleitung (Bild 10, Pos. 2) vom Kraftstoffbehälter (1) zum Aktivkohlebehälter (3) geleitet. Die Aktivkohle absorbiert den im Kraftstoffdampf enthaltenen Kraftstoff und lässt die Luft über die Öffnung der Frischluftzufuhr (4) ins Freie entweichen. Damit der Aktivkohlefilter für neu ausdampfenden

10 Kraftstoffverdunstungs-Rückhaltesystem

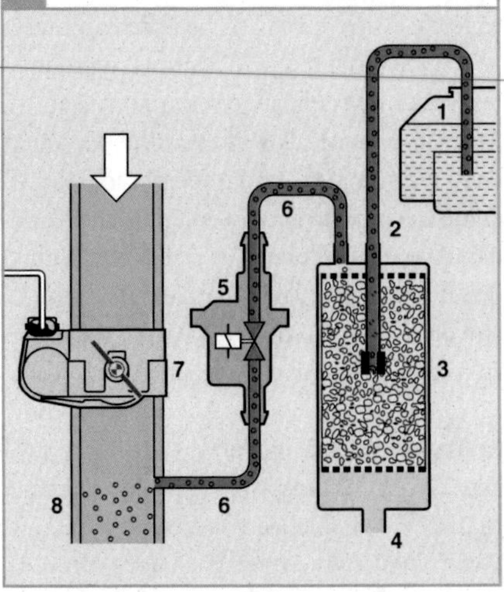

Bild 10
1 Kraftstoffbehälter
2 Entlüftungsleitung des Kraftstoffbehälters
3 Aktivkohlebehälter
4 Frischluft
5 Regenerierventil
6 Leitung zum Saugrohr
7 Drosselklappe
8 Saugrohr

Kraftstoff aufnahmefähig bleibt, muss er regelmäßig regeneriert werden. Dazu ist der Aktivkohlebehälter über ein Regenerierventil (5) mit dem Saugrohr (8) verbunden. Zur Regenerierung wird das Regenerierventil von der Motorsteuerung angesteuert und gibt die Leitung zwischen dem Aktivkohlebehälter und dem Saugrohr frei. Aufgrund des im Saugrohr herrschenden Unterdrucks wird Frischluft (4) durch die Aktivkohle angesaugt. Die Frischluft nimmt den absorbierten Kraftstoff aus dem Aktivkohlefilter auf und führt ihn dem Saugrohr zu. Von dort gelangt er mit der vom Motor angesaugten Luft in den Brennraum. Damit dort die richtige Kraftstoffmenge zur Verfügung steht, wird gleichzeitig die Einspritzmenge reduziert. Die durch den Aktivkohlefilter angesaugte Kraftstoffmenge wird über die Luftzahl λ berechnet und auf einen Sollwert geregelt.

Die zulässige Regeneriergasmenge, d. h. der über das Regenerierventil einströmende Luft-Kraftstoff-Strom, wird wegen möglicher Schwankungen der Kraftstoffkonzentration begrenzt; denn je größer der Anteil des über das Ventil zugeführten Kraftstoffs ist, desto schneller und stärker muss das System die Einspritzmenge korrigieren. Die Korrektur erfolgt über die λ-Regelung, wobei Konzentrationsschwankungen mit einer zeitlichen Verzögerung ausgeglichen werden. Damit Abgaswerte und Fahrbarkeit nicht beeinträchtigt werden, müssen Schwankungen der Luftzahl durch eine Begrenzung der Regeneriergasmenge beschränkt werden.

Besonderheiten bei Turboaufladung und Benzin-Direkteinspritzung
Die Wirkung der Regenerierung ist bei Systemen mit Benzin-Direkteinspritzung im aufgeladenen Betrieb und bei Magersystemen im Schichtbetrieb begrenzt, da aufgrund der weitgehenden Entdrosselung ein

geringerer oder gar kein Saugrohrunterdruck verfügbar ist. Das hat einen gegenüber dem Homogenbetrieb verminderten Regeneriergasstrom zur Folge. Reicht dieser – beispielsweise bei hoher Ausgasung des Kraftstoffs – nicht aus, wird der Motor so lange im Homogenbetrieb gefahren, bis die zunächst hohe Kraftstoffkonzentration im Regeneriergasstrom gesunken ist. Dies lässt sich über die λ-Sonde feststellen. Für aufgeladene Systeme gibt es zusätzlich oder alternativ die Möglichkeit, eine zweite Einleitstelle mit einer Venturi-Düse vor dem Turbolader in das System zu integrieren.

Erweiterte Anforderungen
Die optimale Regenerierung des Rückhaltesystems bedingt einerseits den verbrennungsmotorischen Betrieb an sich und andererseits ein möglichst hohes (treibendes) Druckgefälle zwischen dem Saugmodul und der Umgebung. Durch immer stärkeres Motor-Downsizing und damit verbundene höhere Aufladegrade (bei Turbomotoren) wird das verfügbare Druckgefälle über die normale Aufladung hinaus weiter reduziert. Zusätzlich schränken neue Systeme zur weiteren Verbrauchseinsparung (Start-Stopp-Systeme, Hybride) die Verfügbarkeit des verbrennungsmotorischen Betriebs stärker ein. Beide Trends erfordern in der Summe erweiterte Maßnahmen in der Tankentlüftung wie beispielsweise den Einsatz von Drucktanks zur Reduzierung der Ausgasung (der Tankinnendruck steigt dabei bis zu 30…40 kPa über den Umgebungsdruck an) oder von aktiven Spülpumpen zur Unterstützung der Regenerierung des Aktivkohlebehälters.

11   Molekülstrukturen von Kraftstoffkomponenten

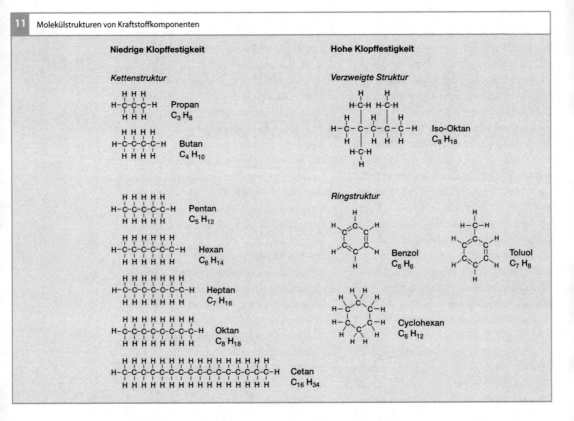

Ottokraftstoffe

Überblick

Seit der Erfindung des Ottomotors haben sich die Anforderungen an Ottokraftstoffe, die umgangssprachlich auch als Benzin bezeichnet werden, erheblich geändert. Die kontinuierliche Weiterentwicklung der Motorentechnik und der Schutz der Umwelt erfordern qualitativ hochwertige Kraftstoffe, damit ein störungsfreier Fahrbetrieb und niedrige Abgasemissionen gewährleistet sind. Anforderungen an die Zusammensetzung und die Eigenschaften des Kraftstoffs sind in Kraftstoffspezifikationen festgelegt, auf die bei der Gesetzgebung referenziert werden kann.

Historische Entwicklung

Die ersten Raffinerien, die im 19. Jahrhundert entstanden, stellten aus Erdöl durch Destillation Petroleum her, welches als Lampenöl Verwendung fand. Ein Abfallprodukt war dabei eine Flüssigkeit, die sich schon bei relativ niedrigen Temperaturen verflüchtigte. Diese Flüssigkeit war in Deutschland unter dem Namen Benzin bekannt. Ebenfalls zu den Benzinen zählt Ligroin, welches bei der Leuchtgasgewinnung durch Kohlevergasung entsteht. Es wurde früher als Waschbenzin eingesetzt.

Der erste Viertakt-Ottomotor aus dem Jahr 1876 lief noch mit Leuchtgas und war bei geringer Leistung relativ schwer. Die in der Folgezeit entwickelten kleinen, schnell laufenden Viertakter für den Einsatz im Automobil wurden für flüssige Kraftstoffe entwickelt und mit Leichtbenzin, z. B. dem oben genannten Ligroin, betrieben. Erhältlich war Ligroin in der Apotheke. Mit Einführung des Spritzdüsenvergasers war man auch in der Lage, die Motoren mit schwerflüchtigerem Benzin zu betreiben, was die Verfügbarkeit von geeigneten Kraftstoffen bedeutend verbesserte.

Erste Raffinerien speziell für Benzin entstanden ab 1913. Zur Ausbeuteverbesserung bei der Benzinerzeugung wurden chemische Verfahren entwickelt, welche die chemische Zusammensetzung und Eigenschaften des Benzins veränderten. Bereits zu dieser Zeit wurden auch die ersten Additive oder „Qualitätsverbesserer" eingeführt. In den folgenden Jahrzehnten wurden weitere Nachbearbeitungsverfahren zur Erhöhung der Benzinausbeute und der Kraftstoffqualität entwickelt, um den Anforderungen der Umweltgesetzgebung und der Weiterentwicklung der Ottomotoren Rechnung zu tragen.

Kraftstoffsorten und Zusammensetzung
In Deutschland werden zwei Super-Kraftstoffe mit 95 Oktan angeboten, die sich im Ethanolgehalt unterscheiden und maximal 5 Volumenprozent Ethanol (für Super) beziehungsweise 10 Volumenprozent Ethanol (für Super E10) enthalten dürfen. Außerdem ist ein Super-Plus-Kraftstoff mit 98 Oktan erhältlich. Einzelne Anbieter haben ihre Super-Plus-Kraftstoffe durch 100-Oktan-Kraftstoffe (V-Power 100, Ultimate 100, Super 100) ersetzt, die in Grundqualität und durch Zusatz von Additiven verändert sind. Additive sind Wirksubstanzen, die zur Verbesserung von Fahrverhalten und Verbrennung zugesetzt werden.

In den USA wird zwischen Regular (92 Oktan), Premium (94 Oktan) und Premium Plus (98 Oktan) unterschieden; die Kraftstoffe in den USA enthalten in der Regel 10 Volumenprozent Ethanol. Durch den Zusatz sauerstoffhaltiger Komponenten wird die Oktanzahl erhöht und den Anforderungen moderner, immer höher verdichtender Motoren nach besserer Klopffestigkeit Rechnung getragen.

Ottokraftstoffe bestehen zum Großteil aus Paraffinen und Aromaten (Bild 11). Paraffine mit einem rein kettenförmigen Aufbau (n-Paraffine) zeigen zwar eine sehr gute Zündwilligkeit, allerdings auch eine geringe

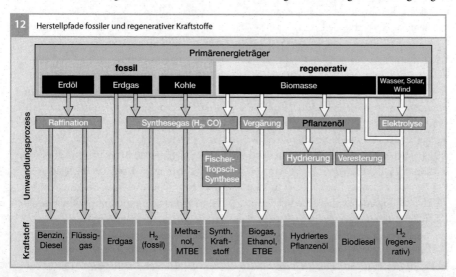

12 Herstellpfade fossiler und regenerativer Kraftstoffe

Bild 12
ETBE Ethyltertiär-
butylether
MTBE Methyltertiär-
butylether

Klopffestigkeit. Iso-Paraffine und Aromaten sind Kraftstoffkomponenten mit hoher Klopffestigkeit. Die meisten Ottokraftstoffe, die heute angeboten werden, enthalten sauerstoffhaltige Komponenten (Oxygenates). Dabei ist insbesondere Ethanol von Bedeutung, da die „EU-Biofuels Directive" Mindestgehalte an erneuerbaren Kraftstoffen vorgibt, die in vielen Staaten mit Bioethanol realisiert werden. Länder wie China, die vorhaben, ihren hohen Kraftstoffbedarf aus Kohle zu decken, werden zukünftig verstärkt auf Methanol setzen. Aber auch die aus Methanol oder Ethanol herstellbaren Ether MTBE (Methyltertiärbutylether) bzw. ETBE (Ethyltertiärbutylether) werden eingesetzt, von denen in Europa derzeit bis zu 22 Volumenprozent zugegeben werden dürfen.

Reformulated Gasoline bezeichnet Ottokraftstoff, der durch eine veränderte Zusammensetzung niedrigere Verdampfungs- und Schadstoffemissionen verursacht als herkömmliches Benzin. Die Anforderungen an Reformulated Gasoline sind in den USA im Clean Air Act von 1990 festgelegt. Es sind z. B. niedrigere Grenzwerte für Dampfdruck, Aromaten- und Benzolgehalt sowie für das Siedeende vorgegeben. Die Zugabe von Additiven zur Reinhaltung des Einlasssystems ist ebenfalls vorgeschrieben.

Herstellung

Bei der Produktion von Kraftstoffen wird zwischen fossilen und regenerativen Verfahren unterschieden (siehe **Bild 12**). Kraftstoffe werden überwiegend aus fossilem Erdöl hergestellt. Erdgas als zweiter fossiler Energieträger spielt eine untergeordnete Rolle – sowohl in der Direktnutzung als gasförmiger Kraftstoff, als auch als Ausgangsprodukt für die Herstellung von synthetischen paraffinischen Kraftstoffen. Das für die Herstellung synthetischer Kraftstoffe benötigte Synthesegas kann auch aus Kohle erzeugt werden. Kohle als Rohstoff wird allerdings nur unter besonderen politischen und regionalen Randbedingungen eingesetzt. Die Verwendung von Biomasse zur Synthesegaserzeugung befindet sich noch im Versuchsstadium. Aus dem Synthesegas werden an Katalysatoren in der Fischer-Tropsch-Synthese paraffinische Kohlenwasserstoffmoleküle verschiedener Kettenlänge aufgebaut, die für die Zumischung zu Kraftstoffen oder für den direkten motorischen Einsatz chemisch noch weiter modifiziert werden müssen.

Die Herstellung von Biokraftstoffen gewinnt zunehmend an Bedeutung, wobei im Wesentlichen drei Verfahren genutzt werden. Die direkte Vergärung von Biomasse führt zu Biogas. Bioethanol erhält man durch Vergärung zucker- oder stärkehaltiger Agrarfrüchte. Pflanzliche Öle oder tierische Fette können entweder zu Biodiesel umgeestert oder durch Hydrierung in paraffinische Kraftstoffe (hydriertes Pflanzenöl, Hydro-Treated Vegetable Oil HVO) umgewandelt werden.

Konventionelle Kraftstoffe

Erdöl ist ein Gemisch aus einer Vielzahl von Kohlenwasserstoffen und wird in Raffinerien verarbeitet. Benzin, Kerosin, Dieselkraftstoff und Schweröle sind typische Raffinerieprodukte, deren Mengenverhältnis durch die technische Ausstattung der Raffinerie bestimmt wird und nur eingeschränkt einer sich ändernden Marktnachfrage angepasst werden kann. Bei der Destillation des Erdöls wird das Gemisch an Kohlenwasserstoffen in Gruppen (Fraktionen) ähnlicher Molekülgröße aufgetrennt. Bei der Destillation unter Atmosphärendruck werden die leicht siedenden Anteile wie Gase, Benzine und Mitteldestillat abgetrennt. Eine Vakuumdestillation des Rückstandes liefert leichtes und schweres Vakuumgasöl, die die Grundlage für Diesel und leichtes Heizöl bilden. Der bei der „Vakuumdestillation" verbleibende

Anforderungen	Einheit	Spezifikationswert	
Klopffestigkeit		Minimalwert	Maximalwert
Research-Oktanzahl Super	–	95	–
Motor-Oktanzahl Super	–	85	–
Research-Oktanzahl Super Plus (für Deutschland)	–	98	–
Motor-Oktanzahl Super Plus (für Deutschland)	–	88	–
Dichte (bei 15 °C)	kg/m³	720	775
Ethanolgehalt für E5	Volumenprozent	–	5,0
Ethanolgehalt für E10	Volumenprozent	–	10,0
Methanolgehalt	Volumenprozent	–	3,0
Sauerstoffgehalt für E5	Massenprozent	–	2,7
Sauerstoffgehalt für E10	Massenprozent	–	3,7
Benzol	Volumenprozent	–	1,0
Schwefelgehalt	mg/kg	–	10,0
Blei	mg/l	–	5,0
Mangangehalt bis 2013	mg/l	–	6,0
Mangangehalt ab 2014	mg/l	–	2,0
Flüchtigkeit			
Dampfdruck im Sommer	kPa	45	60
Dampfdruck im Winter (für Deutschland)	kPa	60	90
Verdampfte Menge bei 70 °C im Sommer	Volumenprozent	20 (22 für E10)	48 (50 für E10)
Verdampfte Menge bei 70 °C im Winter	Volumenprozent	22 (24 für E10)	50 (52 für E10)
Verdampfte Menge bei 100 °C	Volumenprozent	46	71 (72 für E10)
Verdampfte Menge bei 150 °C	Volumenprozent	75	–
Siedeende	°C	–	210

Tabelle 2
Ausgewählte Anforderungen an Ottokraftstoffe gemäß DIN EN 228

Rückstand wird zu schwerem Heizöl und Bitumen verarbeitet.

Die aus der Destillation hervorgehenden Mengen an unterschiedlichen Produktfraktionen entsprechen weder den Markterfordernissen, noch wird die erforderliche Produktqualität erreicht. Größere Kohlenwasserstoffmoleküle können durch Cracken mit Wasserstoff (Hydrocracken) oder in Gegenwart von Katalysatoren weiter aufgespalten werden. Bei Umwandlungen im Reformer entstehen aus linearen Kohlenwasserstoffen verzweigte Moleküle, die bei Ottokraftstoffen zur Erhöhung der Oktanzahl beitragen. Bei der Raffination im Hydrofiner wird im Wesentlichen der Schwefel entfernt. Alkohole und viele Additive werden dem Kraftstoff erst am Ende der Raffinerieprozesse zugesetzt.

Alkohole und Ether
Herstellung aus Zucker und Stärke
Bioethanol kann aus allen zucker- und stärkehaltigen Produkten gewonnen werden und ist der weltweit am meisten produzierte Biokraftstoff. Zuckerhaltige Pflanzen (Zucker-

rohr, Zuckerrüben) werden mit Hefe fermentiert, der Zucker wird dabei zu Ethanol vergoren. Bei der Bioethanolgewinnung aus Stärke werden Getreide wie Mais, Weizen oder Roggen mit Enzymen vorbehandelt, um die langkettigen Stärkemoleküle teilzuspalten. Bei der anschließenden Verzuckerung erfolgt eine Spaltung in Dextrosemoleküle mit Hilfe von Glucoamylase. Durch Fermentation mit Hefe wird in einem weiteren Prozessschritt Bioethanol erzeugt.

Herstellung aus Lignocellulose
Die Verfahren, die Bioethanol aus Lignocellulose herstellen, stehen großtechnisch noch nicht zur Verfügung, haben aber den Vorteil, dass die ganze Pflanze verwendet werden kann und nicht nur der zucker- oder stärkehaltige Anteil. Lignocellulose, die das Strukturgerüst der pflanzlichen Zellwand bildet und als Hauptbestandteile Lignin, Hemicellulosen und Cellulose enthält, muss chemisch oder enzymatisch aufgespalten werden. Wegen des neuartigen Ansatzes spricht man auch von Bioethanol der 2. Generation.

Herstellung aus Synthesegas
Methanol wird in katalytischen Verfahren aus Synthesegas, einem Gemisch von Kohlenmonoxid und Wasserstoff, hergestellt. Das zur Produktion erforderliche Synthesegas wird im Wesentlichen nicht regenerativ, sondern aus fossilen Energieträgern wie Kohle und Erdgas erzeugt und leistet keinen Beitrag zur Reduzierung der CO_2-Emissionen. Wird Synthesegas hingegen aus Biomasse gewonnen, kann daraus „Biomethanol" hergestellt werden.

Herstellung der Ether
Methyltertiärbutylether (MTBE) und Ethyltertiärbutylether (ETBE) werden durch säurekatalysierte Addition von Methanol bzw. Ethanol an Isobuten hergestellt. Die Ether, die einen niedrigeren Dampfdruck, einen

höheren Heizwert und eine höhere Oktanzahl als Ethanol haben, sind chemisch stabile Komponenten mit guter Materialverträglichkeit. Sie haben daher sowohl aus logistischer als auch motorischer Sicht Vorteile gegenüber der Verwendung von Alkoholen als Blendkomponente. Aus Gründen der Nachhaltigkeit wird überwiegend ETBE aus Bioethanol eingesetzt.

Normung
Die europäische Norm EN 228 (Tabelle 2) definiert die Anforderungen für bleifreies Benzin zur Verwendung in Ottomotoren. In den nationalen Anhängen sind weitere, länderspezifische Kennwerte festgelegt. Verbleite Ottokraftstoffe sind in Europa nicht zugelassen. In den USA sind Ottokraftstoffe in der Norm ASTM D 4814 (American Society for Testing and Materials) spezifiziert.

Bioethanol ist aufgrund seiner Eigenschaften sehr gut zur Beimischung in Ottokraftstoffen geeignet, insbesondere, um die Oktanzahl von reinem mineralölbasiertem Ottokraftstoff anzuheben.

Nachdem der Ethanolgehalt in der europäischen Ottokraftstoffnorm EN 228 lange auf 5 Volumenprozent (E5) begrenzt war, enthält die Ausgabe von 2013 an erster Stelle eine Spezifikation für 10 Volumenprozent Ethanol (E10). Im europäischen Markt sind derzeit noch nicht alle Fahrzeuge mit Materialien ausgerüstet, die einen Betrieb mit E10 erlauben. Als zweite Qualität wird deshalb eine Bestandschutzsorte mit einem maximalen Ethanolgehalt von 5 Volumenprozent beibehalten.

Nahezu alle Ottokraftstoffnormen erlauben die Zugabe von Ethanol als Blendkomponente. In den USA enthält der überwiegende Anteil der Ottokraftstoffe 10 Volumenprozent Ethanol (E10).

Bioethanol kann in Ottomotoren von Flexible-Fuel-Fahrzeugen (FFV, Flexible Fuel Vehicles) auch als Reinkraftstoff (z. B. in Brasilien) verwendet werden. Diese Fahrzeuge können sowohl mit Ottokraftstoff als auch mit jeder Mischung aus Ottokraftstoff und Ethanol betrieben werden. Um einen Kaltstart bei tiefen Temperaturen zu gewährleisten, wird die maximale Ethanolkonzentration (von 85 % im Sommer) im Winter entsprechend der Anforderungen auf 50–85 % reduziert. Die Qualität von E85 ist für Europa in der technischen Spezifikation CEN/TS 15293 und in den USA in der ASTM D 5798 definiert.

In Brasilien werden Ottokraftstoffe grundsätzlich nur als Ethanolkraftstoffe angeboten, überwiegend mit einem Ethanolanteil von 18…26 Volumenprozent, aber auch als reines Ethanol (E100, das etwa 7 % Wasser enthält). In China kommt neben E10 auch Methanol-Kraftstoff zum Einsatz. Für konventionelle Ottomotoren liegt die Obergrenze bei 15 % Methanol (M15). Aufgrund negativer Erfahrungen mit Methanolkraftstoffen während der Ölkrise 1973 und auch wegen der Toxizität ist man in Deutschland von der Verwendung von Methanol als Blendkomponente wieder abgekommen. Weltweit betrachtet werden derzeit nur vereinzelt Methanolbeimengungen durchgeführt, dann meist mit einem Anteil von maximal 3 % (M3).

Physikalisch-chemische Eigenschaften
Schwefelgehalt
Zur Minderung der SO_2-Emissionen und zum Schutz der Katalysatoren zur Abgasnachbehandlung wurde der Schwefelgehalt von Ottokraftstoffen ab 2009 europaweit auf 10 mg/kg begrenzt. Kraftstoffe, die diesen Grenzwert einhalten, werden als „schwefelfreie Kraftstoffe" bezeichnet. Damit ist die letzte Stufe der Entschwefelung von Kraftstoffen erreicht. Vor 2009 war in Europa nur noch schwefelarmer Kraftstoff (Schwefelgehalt unter 50 mg/kg) zugelassen, der Anfang 2005 eingeführt wurde. Deutschland hat bei

der Entschwefelung eine Vorreiterrolle übernommen und bereits 2003 durch steuerliche Maßnahmen schwefelfreie Kraftstoffe etabliert. In den USA liegt seit 2006 der Grenzwert für den Schwefelgehalt von kommerziell für den Endverbraucher erhältlichen Ottokraftstoffen bei max. 80 mg/kg, wobei zusätzlich ein Durchschnittswert von 30 mg/kg für die Gesamtmenge des verkauften und importierten Kraftstoffs nicht überschritten werden darf. Einzelne Bundesstaaten, z. B. Kalifornien, haben niedrigere Grenzwerte festgelegt.

Heizwert
Für den Energieinhalt von Kraftstoffen wird üblicherweise der spezifische Heizwert H_u (früher als unterer Heizwert bezeichnet) angegeben; er entspricht der bei vollständiger Verbrennung freigesetzten nutzbaren Wärmemenge. Der spezifische Brennwert H_o (früher als oberer Heizwertbezeichnet) hingegen gibt die gesamte freigesetzte Reaktionswärme an und umfasst damit neben der nutzbaren Wärme auch die im entstehenden Wasserdampf gebundene Wärme (latente Wärme). Dieser Anteil wird jedoch im Fahrzeug nicht genutzt. Der spezifische Heizwert H_u von Ottokraftstoff beträgt 40,1…41,8 MJ/kg. Sauerstoffhaltige Kraftstoffe oder Kraftstoffkomponenten (Oxygenates) wie Alkohole und Ether haben einen geringeren Heizwert als reine Kohlenwasserstoffe, weil der in ihnen gebundene Sauerstoff nicht an der Verbrennung teilnimmt. Eine mit üblichen Kraftstoffen vergleichbare Motorleistung führt daher zu einem höheren Kraftstoffverbrauch.

Gemischheizwert
Der Heizwert des brennbaren Luft-Kraftstoff-Gemischs bestimmt die Leistung des Motors. Der Gemischheizwert liegt bei stöchiometrischem Luft-Kraftstoff-Verhältnis für alle flüssigen Kraftstoffe und Flüssiggase bei ca. 3,5…3,7 MJ/m^3.

Dichte
Die Dichte von Ottokraftstoffen ist in der Norm EN 228 auf 720...775 kg/m^3 begrenzt.

Klopffestigkeit
Die Oktanzahl kennzeichnet die Klopffestigkeit eines Ottokraftstoffs. Je höher die Oktanzahl ist, desto klopffester ist der Kraftstoff. Dem sehr klopffesten Iso-Oktan (Trimethylpentan) wird die Oktanzahl 100, dem sehr klopffreudigen n-Heptan die Oktanzahl 0 zugeordnet. Die Oktanzahl eines Kraftstoffs wird in einem genormten Prüfmotor bestimmt: Der Zahlenwert entspricht dem Anteil (in Volumenprozent) an Iso-Oktan in einem Gemisch aus Iso-Oktan und n-Heptan mit dem gleichen Klopfverhalten wie der zu prüfende Kraftstoff.

Die Research-Oktanzahl (ROZ) nennt man die nach der Research-Methode [3] bestimmte Oktanzahl. Sie kann als maßgeblich für das Beschleunigungsklopfen angesehen werden. Die Motor-Oktanzahl (MOZ) nennt man die nach der Motor-Methode [2] bestimmte Oktanzahl. Sie beschreibt vorwiegend die Eigenschaften hinsichtlich des Hochgeschwindigkeitsklopfens. Die Motor-Methode unterscheidet sich von der Research-Methode durch Gemischvorwärmung, höhere Drehzahl und variable Zündzeitpunkteinstellung, wodurch sich eine höhere thermische Beanspruchung des zu untersuchenden Kraftstoffs ergibt. Die MOZ-Werte sind niedriger als die ROZ-Werte.

Erhöhen der Klopffestigkeit
Normales Destillat-Benzin hat eine niedrige Klopffestigkeit. Erst durch Vermischen mit verschiedenen klopffesten Raffineriekomponenten (katalytische Reformate, Isomerisate) ergeben sich für moderne Motoren geeignete Kraftstoffe mit hoher Oktanzahl. Durch Zusatz von sauerstoffhaltigen Komponenten wie Alkoholen und Ethern kann die Klopf-

festigkeit erhöht werden. Metallhaltige Additve zur Erhöhung der Oktanzahl, z. B. MMT (Methylcyclopentadienyl Mangan Tricarbonyl) bilden Asche während der Verbrennung. Die Zugabe von MMT wird deshalb in der EN 228 durch einen Grenzwert für Mangan im Spurenbereich ausgeschlossen.

Flüchtigkeit
Die Flüchtigkeit von Ottokraftstoff ist nach oben und nach unten begrenzt. Auf der einen Seite sollen genügend leichtflüchtige Komponenten enthalten sein, um einen sicheren Kaltstart zu gewährleisten. Auf der anderen Seite darf die Flüchtigkeit nicht so hoch sein, dass es bei höheren Temperaturen zur Unterbrechung der Kraftstoffzufuhr durch Gasblasenbildung (Vapour-Lock) und in der Folge zu Problemen beim Fahren oder beim Heißstart kommt. Darüber hinaus sollen die Verdampfungsverluste zum Schutz der Umwelt gering gehalten werden.

Die Flüchtigkeit des Kraftstoffs wird durch verschiedene Kenngrößen beschrieben. In der Norm EN 228 sind für E5 und E10 jeweils zehn verschiedene Flüchtigkeitsklassen spezifiziert, die sich in Siedeverlauf, Dampfdruck und dem Vapour-Lock-Index (VLI) unterscheiden. Die einzelnen Nationen können, je nach den spezifischen klimatischen Gegebenheiten, einzelne dieser Klassen in ihren nationalen Anhang übernehmen. Für Sommer und Winter werden unterschiedliche Werte in der Norm festgelegt.

Siedeverlauf
Für die Beurteilung des Kraftstoffs im Fahrzeugbetrieb sind die einzelnen Bereiche der Siedekurve getrennt zu betrachten. In der Norm EN 228 sind deshalb Grenzwerte für den verdampften Anteil bei 70 °C, bei 100 °C und bei 150 °C festgelegt. Der bis 70 °C verdampfte Kraftstoff muss einen Mindestanteil erreichen, um ein leichtes Starten des kalten

Motors zu gewährleisten (das war vor allem früher wichtig für Vergaserfahrzeuge). Der verdampfte Anteil darf aber auch nicht zu groß sein, weil es sonst im heißen Zustand zu Dampfblasenbildung kommen kann. Der bei 100 °C verdampfte Kraftstoffanteil bestimmt neben dem Anwärmverhalten v. a. Betriebsbereitschaft und Beschleunigungsverhalten des warmen Motors. Das bis 150 °C verdampfte Volumen soll nicht zu niedrig liegen, um eine Motorölverdünnung zu vermeiden. Besonders bei kaltem Motor verdampfen die schwerflüchtigen Komponenten des Ottokraftstoffs schlecht und können aus dem Brennraum über die Zylinderwände ins Motoröl gelangen.

Dampfdruck
Der bei 37,8 °C (100 °F) nach EN 13016-1 gemessene Dampfdruck von Kraftstoffen ist in erster Linie eine Kenngröße, mit der die sicherheitstechnischen Anforderungen im Fahrzeugtank definiert werden. Der Dampfdruck wird in allen Spezifikationen nach unten und oben limitiert. Er beträgt z. B. für Deutschland im Sommer maximal 60 kPa und im Winter maximal 90 kPa. Für die Auslegung einer Einspritzanlage ist die Kenntnis des Dampfdrucks auch bei höheren Temperaturen (80...100 °C) wichtig, da sich ein Anstieg des Dampfdrucks durch Alkoholzumischung insbesondere bei höheren Temperaturen zeigt. Steigt der Dampfdruck des Kraftstoffs z. B. während des Fahrzeugbetriebs durch Einfluss der Motortemperatur über den Systemdruck der Einspritzanlage, kann es zu Funktionsstörungen durch Dampfblasenbildung kommen.

Dampf-Flüssigkeits-Verhältnis
Das Dampf-Flüssigkeits-Verhältnis (DFV) ist ein Maß für die Neigung eines Kraftstoffs zur Dampfbildung. Als Dampf-Flüssigkeits-Verhältnis wird das aus einer Kraftstoffeinheit entstandene Dampfvolumen bei definiertem Gegendruck und definierter Temperatur bezeichnet. Sinkt der Gegendruck (z. B. bei Bergfahrten) oder erhöht sich die Temperatur, so steigt das Dampf-Flüssigkeits-Verhältnis, wodurch Fahrstörungen verursacht werden können. In der Norm ASTM D 4814 wird z. B. für jede Flüchtigkeitsklasse eine Temperatur definiert, bei der ein Dampf-Flüssigkeits-Verhältnis von 20 nicht überschritten werden darf.

Vapor-Lock-Index
Der Vapour-Lock-Index (VLI) ist die rechnerisch ermittelte Summe des zehnfachen Dampfdrucks (in kPa bei 37,8 °C) und der siebenfachen Menge des bis 70 °C verdampften Volumenanteils des Kraftstoffs. Mit diesem zusätzlichen Grenzwert kann die Flüchtigkeit des Kraftstoffes weiter eingeschränkt werden, mit der Folge, dass bei dessen Herstellung nicht beide Maximalwerte von Dampfdruck und Siedekennwerten gleichzeitig realisiert werden können.

Besonderheiten bei Alkoholkraftstoffen
Der Zusatz von Alkoholen ist mit einer Erhöhung der Flüchtigkeit insbesondere bei höheren Temperaturen verbunden. Außerdem kann Alkohol Materialien im Kraftstoffsystem schädigen, z. B. zu Elastomerquellung führen und Alkoholatkorrosion an Aluminiumteilen auslösen. In Abhängigkeit vom Alkoholgehalt und von der Temperatur kann es selbst bei Zutritt von nur geringen Mengen an Wasser zur Entmischung kommen. Bei der Phasentrennung geht Alkohol aus dem Kraftstoff in eine zweite wässrige Alkoholphase über. Das Problem der Entmischung besteht bei den Ethern nicht.

Additive
Additive können zur Verbesserung der Kraftstoffqualität zugesetzt werden, um Verschlechterungen im Fahrverhalten und in

der Abgaszusammensetzung während des Fahrzeugbetriebs entgegenzuwirken. Eingesetzt werden meist Pakete aus Einzelkomponenten mit verschiedenen Wirkungen. Sie müssen in ihrer Zusammensetzung und Konzentration sorgfältig abgestimmt und erprobt sein und dürfen keine negativen Nebenwirkungen haben.

In der Raffinerie erfolgt eine Basisadditivierung zum Schutz der Anlagen und zur Sicherstellung einer Mindestqualität der Kraftstoffe. An den Abfüllstationen der Raffinerie können beim Befüllen der Tankwagen markenspezifische Multifunktionsadditive zur weiteren Qualitätsverbesserung zugegeben werden (Endpunktdosierung). Eine nachträgliche Zugabe von Additiven in den Fahrzeugtank birgt bei Unverträglichkeit das Risiko von technischen Störungen.

Detergentien
Die Reinhaltung des gesamten Einlasssystems (Einspritzventile, Einlassventile) ist eine wichtige Voraussetzung für den Erhalt der im Neuzustand optimierten Gemischeinstellung und -aufbereitung und somit grundlegend für einen störungsfreien Fahrbetrieb und die Schadstoffminimierung im Abgas. Aus diesem Grund sollten dem Kraftstoff wirksame Reinigungsadditive (Detergentien) zugesetzt sein.

Korrosionsinhibitoren
Der Eintrag von Wasser kann zu Korrosion im Kraftstoffsystem führen. Durch den Zusatz von Korrosionsinhibitoren, die sich als dünner Film auf der Metalloberfläche anlagern, kann Korrosion wirksam unterbunden werden.

Oxidationsstabilisatoren
Die den Kraftstoffen zugesetzten Alterungsschutzmittel (Antioxidantien) erhöhen die Lagerstabilität. Sie verhindern eine rasche Oxidation durch Luftsauerstoff.

Metalldesaktivatoren
Einzelne Additive haben auch die Eigenschaft, durch Bildung stabiler Komplexe die katalytische Wirkung von Metallionen zu deaktivieren.

Gasförmige Kraftstoffe
Erdgas
Der Hauptbestandteil von Erdgas ist Methan (CH_4) mit einem Mindestanteil von 80 %. Weitere Bestandteile sind Inertgase wie Kohlendioxid oder Stickstoff und kurzkettige Kohlenwasserstoffe. Auch Sauerstoff und Wasserstoff sind enthalten. Erdgas ist weltweit verfügbar und erfordert nach der Förderung nur einen relativ geringen Aufwand zur Aufbereitung. Je nach Herkunft variiert jedoch die Zusammensetzung des Erdgases, wodurch sich Schwankungen bei Dichte, Heizwert und Klopffestigkeit ergeben. Die Eigenschaften von Erdgas als Kraftstoff sind für Deutschland in der Norm DIN 51624 festgelegt. Ein europäischer Standard für Erdgas, der auch die Qualitätsanforderungen an Biomethan berücksichtigt, ist in Bearbeitung.

Biomethan lässt sich aus Biomasse, z. B. aus Jauche, Grünschnitt oder Abfällen gewinnen und weist bei der Verbrennung im Vergleich zu fossilem Erdgas deutlich reduzierte CO_2-Gesamtemissionen auf. Für die Erzeugung von Methan durch Elektrolyse von Wasser mit Strom aus erneuerbaren Energien und Umsetzung des erzeugten Wasserstoffs H_2 mit Kohlendioxid CO_2 gibt es erste Pilotanlagen.

Erdgas wird entweder gasförmig komprimiert (CNG, Compressed Natural Gas) bei einem Druck von 200 bar gespeichert oder es befindet sich als verflüssigtes Gas (LNG, Liquid Natural Gas) bei −162 °C in einem kältefesten Tank. Verflüssigtes Gas benötigt nur ein Drittel des Speichervolumens von komprimiertem Erdgas, die Speicherung erfordert jedoch einen hohen Energieaufwand zur Verflüssigung. Deshalb wird Erdgas an den Erdgas-Tankstellen in Deutschland fast ausschließlich in komprimierter Form angeboten. Erdgasfahrzeuge zeichnen sich durch niedrige CO_2-Emissionen aus, bedingt durch den geringeren Kohlenstoffanteil des Erdgases im Vergleich zum flüssigen Ottokraftstoff. Das Wasserstoff-Kohlenstoff-Verhältnis von Erdgas beträgt ca. 4 : 1, das von Benzin hingegen 2,3 : 1. Bedingt durch den geringeren Kohlenstoffanteil des Erdgases entsteht bei seiner Verbrennung weniger CO_2 und mehr H_2O als bei Benzin. Ein auf Erdgas eingestellter Ottomotor erzeugt schon ohne weitere Optimierung ca. 25 % weniger CO_2-Emissionen als ein Benzinmotor (bei vergleichbarer Leistung). Durch die sehr hohe Klopffestigkeit des Erdgases von bis zu 130 ROZ (im Vergleich dazu liegt Benzin bei 91...100 ROZ) eignet sich der Erdgasmotor ideal zur Turboaufladung und lässt eine Erhöhung des Verdichtungsverhältnisses zu.

Flüssiggas
Flüssiggas (LPG, Liquid Petroleum Gas, auch als Autogas bezeichnet) fällt bei der Gewinnung von Rohöl an und entsteht bei verschiedenen Raffinerieprozessen. Es ist ein Gemisch aus den Hauptkomponenten Propan und Butan. Es lässt sich bei Raumtemperatur unter vergleichsweise niedrigem Druck verflüssigen. Durch den geringeren Kohlenstoffanteil gegenüber Benzin entstehen bei der Verbrennung ca. 10 % weniger CO_2. Die Oktanzahl beträgt ca. 100...110 ROZ. Die Anforderungen an Flüssiggas für den Einsatz in Kraftfahrzeugen sind in der europäischen Norm EN 589 festgelegt.

Wasserstoff
Wasserstoff kann durch chemische Verfahren aus Erdgas, Kohle, Erdöl oder aus Biomasse sowie durch Elektrolyse von Wasser erzeugt werden. Heute wird Wasserstoff überwiegend großindustriell durch Dampfreformierung aus Erdgas gewonnen. Bei die-

sem Verfahren wird CO_2 freigesetzt, sodass sich insgesamt nicht zwangsläufig ein CO_2-Vorteil gegenüber Benzin, Diesel oder der direkten Verwendung von Erdgas im Verbrennungsmotor ergibt. Eine Verringerung der CO_2-Emissionen ergibt sich dann, wenn der Wasserstoff regenerativ aus Biomasse oder durch Elektrolyse aus Wasser hergestellt wird, sofern dafür regenerativ erzeugter Strom eingesetzt wird. Lokal treten bei der Verbrennung von Wasserstoff im Motor keine CO_2-Emissionen auf.

Speicherung
Wasserstoff hat zwar eine sehr hohe gewichtsbezogene Energiedichte (ca. 120 MJ/kg, sie ist damit fast dreimal so hoch wie die von Benzin), die volumenbezogene Energiedichte ist jedoch wegen der geringen spezifischen Dichte sehr gering. Für die Speicherung bedeutet dies, dass der Wasserstoff entweder unter Druck (bei 350...700 bar) oder durch Verflüssigung (Kryogenspeicherung bei −253 °C) komprimiert werden muss, um ein akzeptables Tankvolumen zu erzielen. Eine weitere Möglichkeit ist die Speicherung als Hydrid.

Einsatz im Kfz
Wasserstoff kann sowohl in Brennstoffzellenantrieben als auch direkt in Verbrennungsmotoren eingesetzt werden. Langfristig wird der Schwerpunkt bei der Nutzung in Brennstoffzellen erwartet. Hier wird ein besserer Wirkungsgrad als beim H_2-Verbrennungsmotor erreicht.

Literatur

[1] DIN EN 228: Januar 2013, Unverbleite Ottokraftstoffe – Anforderungen und Prüfverfahren

[2] EN ISO 5163:2005, Bestimmung der Klopffestigkeit von Otto und Flugkraftstoffen – Motor-Verfahren

[3] EN ISO 5164:2005, Bestimmung der Klopffestigkeit von Ottokraftstoffen – Research-Verfahren

Einspritzung

Aufgabe der Einspritzsysteme ist es, den vom Kraftstoffversorgungssystem aus dem Tank zum Motorraum geförderten Kraftstoff auf die einzelnen Zylinder des Ottomotors zu verteilen und den Kraftstoff entsprechend der Anforderungen aufzubereiten.

Moderne Ottomotoren benötigen zur Einhaltung strenger Abgas- und Verbrauchsvorschriften eine bezüglich Menge und zeitlicher Abfolge hoch präzise Zumessung des Kraftstoffs sowie eine optimale Aufbereitung des Kraftstoff-Luft-Gemisches. Die hoch dynamischen und sehr komplexen Vorgänge der Gemischbildung stellen hohe Anforderungen an das Gemischaufberei-

tungssystem, weshalb sich die elektronisch gesteuerte Kraftstoffeinspritzung gegenüber dem Vergaser als das dominierende System durchgesetzt hat.

Man unterscheidet grundsätzlich zwei Arten von Einspritzsystemen: das System mit äußerer Gemischbildung – die Saugrohreinspritzung (SRE), und das System mit innerer Gemischbildung – die Benzindirekteinspritzung (BDE). Bei der Saugrohreinspritzung findet die Gemischbildung überwiegend außerhalb des Brennraums im Saugkanal statt, während bei der Benzindirekteinspritzung die Gemischbildung ausschließlich im Zylinder stattfindet. In **Bild 1** sind die wesentlichen Unterschiede beider Systeme dargestellt. Die Unterschiede in den Gemisch-

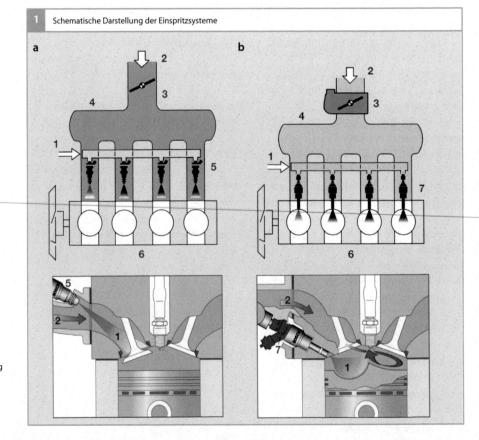

1 Schematische Darstellung der Einspritzsysteme

bildungsmechanismen und in der Systemgestaltung führen auch zu unterschiedlichen Anforderungen an die Einspritzkomponenten, die in den nachfolgenden Abschnitten näher beschrieben werden.

Durch den zunehmenden Einsatz von alternativen Kraftstoffen ergeben sich erweiterte Anforderungen an die Subsysteme und Komponenten des Gemischbildungssystems hinsichtlich der Qualität der Gemischaufbereitung, der Zumessbereiche und auch der Medienverträglichkeit der Komponenten.

Saugrohreinspritzung

Bei Ottomotoren mit Saugrohreinspritzung (SRE) beginnt die Bildung des Luft-Kraftstoff-Gemischs außerhalb des Brennraums im Saugrohr. Diese Motoren sowie deren Steuerungssysteme wurden im Lauf der Zeit immer weiter verbessert.

Übersicht
Aufbau
An Kraftfahrzeuge werden hohe Ansprüche hinsichtlich des Abgasverhaltens, des Verbrauchs und der Laufkultur gestellt. Daraus ergeben sich komplexe Anforderungen an die Bildung des Luft-Kraftstoff-Gemischs. Neben der genauen Dosierung der eingespritzten Kraftstoffmasse – abgestimmt auf die vom Motor angesaugte Luftmasse – ist auch der genaue Zeitpunkt der Einspritzung (das Einspritz-Timing) sowie die Ausrichtung des Sprays relativ zum Saugkanal und zum Brennraum (das Spray-Targeting) von Bedeutung. Diese Anforderungen treten – bedingt durch die fortwährende Verschärfung der Abgasgesetzgebung – immer stärker in den Vordergrund. Auch der Beitrag des Brennverfahrens zur Verbrauchsreduzierung gewinnt immer mehr an Bedeutung.

Dementsprechend bedarf es einer stetigen Weiterentwicklung der Einspritzsysteme.

Stand der Technik bei der Saugrohreinspritzung ist die elektronisch gesteuerte Einzeleinspritzanlage, bei der der Kraftstoff für jeden Zylinder einzeln intermittierend (d.h. zeitweilig aussetzend) direkt vor die Einlassventile eingespritzt wird. Die elektronische Steuerung ist im Steuergerät des Motormanagementsystems integriert. Eine Übersicht über ein System mit Saugrohreinspritzung gibt Bild 2.

Keine Bedeutung mehr für Neuentwicklungen haben die mechanischen, kontinuierlich einspritzenden Einzeleinspritzsysteme sowie die Systeme mit Zentraleinspritzung. Bei der Zentraleinspritzung wird der Kraftstoff intermittierend, aber nur über ein einziges Einspritzventil vor der Drosselklappe in das Saugrohr eingespritzt.

Weiterentwicklungen finden im Bereich der Einspritzkomponenten bezüglich des Zumessbereichs (durch den Trend zu Turbo-Motoren und ethanolhaltigen Kraftstoffen), der Ventilsitzdichtheit (zur Verringerung der Verdunstungsemissionen) und der Optimierung der Baugröße statt. Im Bereich der Einspritzsysteme werden neuartige Ansätze, wie z.B. die Verwendung von zwei Einspritzventilen je Saugkanal (Twin-Injection) betrachtet.

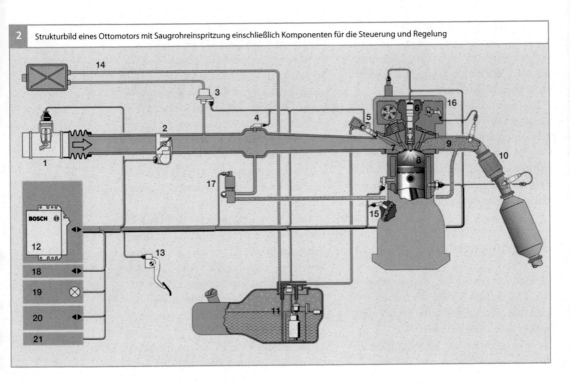

2 Strukturbild eines Ottomotors mit Saugrohreinspritzung einschließlich Komponenten für die Steuerung und Regelung

Bild 2

1 Luftmassenmesser
2 Drosselklappensteller
3 Tankentlüftungsventil
4 Saugrohrdrucksensor
5 Einspritzventil mit Rail
6 Zündspule mit Zündkerze
7 Einlasskanal
8 Brennraum
9 Auslasstrakt
10 Abgassystem
11 Tank mit Fördermodul

12 Motorsteuergerät
13 Fahrpedalmodul
14 Tankentlüftungssystem
15 Drehzahlsensor
16 Phasensensor für die Nockenwelle
17 Abgasrückführventil
18 CAN-Schnittstelle
19 Motorkontrollleuchte
20 Diagnoseschnittstelle
21 Schnittstelle zur Wegfahrsperre

Arbeitsweise

Erzeugen des Luft-Kraftstoff-Gemischs

Bei Benzineinspritzsystemen mit Saug-rohreinspritzung wird der Kraftstoff in das Saugrohr oder in den Einlasskanal einge-spritzt. Hierzu fördert die Elektrokraftstoff-pumpe den Kraftstoff zu den Einspritzven-tilen. Dort steht der Kraftstoff mit dem Systemdruck an. Bei Einzeleinspritzanlagen ist jedem Zylinder ein Einspritzventil zuge-ordnet (**Bild 3**, Pos. 5), das den Kraftstoff in-termittierend in das Saugrohr (6) oder in den Einlasskanal vor die Einlassventile (4) einspritzt.

Die Gemischbildung beginnt außerhalb des Brennraums im Einlasskanal mit der Einspritzung des Kraftstoffsprays (7). Nach der Einspritzung strömt im darauf folgenden Ansaugtakt das entstandene Luft-Kraftstoff-Gemisch durch die geöffneten Einlassventile in den Zylinder, wo die Gemischbildung vollendet wird. Dieser Vorgang wird ent-scheidend vom Spray-Targeting und auch vom Einspritz-Timing beeinflusst. Die Luft-masse wird dabei über die Drosselklappe (**Bild 2**, Pos. 2) dosiert. Je nach Motortyp werden manchmal ein, überwiegend aber zwei Einlassventile pro Zylinder eingesetzt.

Die Kraftstoffzumessung der Einspritz-ventile ist so ausgelegt, dass der Kraftstoffbe-darf für alle Motorzustände abgedeckt ist. Dies bedeutet einerseits, dass bei hohen

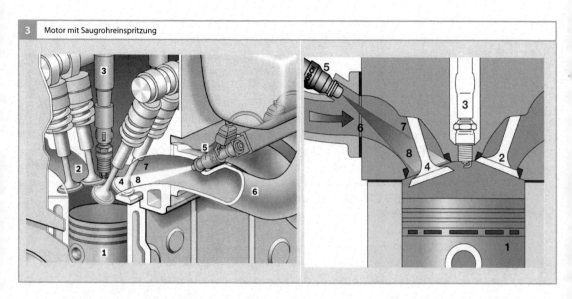

3 Motor mit Saugrohreinspritzung

Drehzahlen und Lasten in der zur Verfügung stehenden Zeit ausreichend Kraftstoff eingespritzt werden muss (bei maximalem Durchfluss, eventuell zusätzlich erweitert durch Turboaufladung). Andererseits ist auch sicherzustellen, dass für den Leerlaufbetrieb eine ausreichende Kleinsteinspritzmenge unter Berücksichtigung von zusätzlichen Bedingungen (z. B. der Tankentlüftung) darstellbar ist, um den stöchiometrischen Betrieb (mit $\lambda = 1$) des Motors zu gewährleisten.

Messen der Luftmasse
Damit das Luft-Kraftstoff-Gemisch genau eingestellt werden kann, kommt der Erfassung der an der Verbrennung beteiligten Luftmasse eine große Bedeutung zu. Der Luftmassenmesser (Bild 2, Pos. 1), der vor der Drosselklappe sitzt, misst den Luftmassenstrom, der durch das Saugrohr strömt und gibt ein elektrisches Signal an das Motorsteuergerät (12) weiter. Alternativ dazu gibt es auch Systeme, die mit einem Drucksensor (4) den Saugrohrdruck messen und daraus in Verbindung mit der Drosselklap-

penstellung und der Drehzahl die angesaugte Luftmasse berechnen. Das Motorsteuergerät berechnet aus der angesaugten Luftmasse und dem aktuellen Betriebszustand des Motors die erforderliche Kraftstoffmasse.

Einspritzzeit
Die Einspritzzeit, die notwendig ist, um die berechnete Kraftstoffmasse einzuspritzen, ergibt sich aus der Abhängigkeit vom engsten Querschnitt im Einspritzventil, dessen Öffnungs- und Schließverhalten, sowie dem Differenzdruck zwischen Saugrohr und Kraftstoffdruck.

Schadstoffminderung
Die Weiterentwicklung in der Motortechnik führte in den vergangenen Jahren zu verbesserten Verbrennungsprozessen und damit zu geringeren Rohemissionen. Elektronische Motorsteuerungssysteme ermöglichen die exakte Einspritzung der benötigten Kraftstoffmenge entsprechend der angesaugten Luftmasse, die genaue Einstellung des Zündzeitpunkts sowie die betriebspunktabhängige Optimierung der Ansteuerung aller vorhan-

Bild 3
1 Kolben
2 Auslassventil
3 Zündspule mit Zündkerze
4 Einlassventil
5 Einspritzventil
6 Saugrohr
7 Einlasskanal
8 Spray

denen Komponenten (z. B. der elektrischen Drosselvorrichtung, **Bild 2**, Pos. 2). Diese Punkte führen neben der Leistungssteigerung der Motoren auch zur deutlichen Verbesserung der Abgasqualität und zu einer Verbrauchsreduzierung.

In Kombination mit dem Abgasnachbehandlungssystem (**Bild 2**, Pos. 10) ist es möglich, die marktspezifischen gesetzlichen Abgasgrenzwerte einzuhalten. Der Dreiwegekatalysator kann die bei der Verbrennung entstandenen Schadstoffe bei stöchiometrischem Luft-Kraftstoff-Gemisch ($\lambda = 1$) weitgehend abbauen. Deshalb werden Motoren mit Saugrohreinspritzung in den meisten Betriebspunkten mit dieser Gemischzusammensetzung betrieben.

Motorische Maßnahmen
Neben den nachfolgend diskutierten Maßnahmen im Einspritzsystem können auch motorische Maßnahmen die Rohemissionen verringern und die Verbrennungseffizienz steigern. Folgende Maßnahmen sind heute verbreitet:
● Optimierung der Brennraumgeometrie,
● Mehrventiltechnik,
● variabler Ventiltrieb,
● zentrale Zündkerzenlage,
● Erhöhung der Verdichtung,
● Abgasrückführung.

Im Betriebsbereich des Motorkaltstarts ist die Schadstoffminderung eine wichtige Aufgabe. Mit der Betätigung des Zündschlüssels oder des Startknopfes dreht der Starter und treibt den Motor mit Starterdrehzahl an. Die Signale von Drehzahl- und Phasensensor (**Bild 2**, Pos. 15 und 16) werden erfasst. Das Motorsteuergerät ermittelt daraus die Kolbenpositionen der einzelnen Zylinder. Entsprechend der im Steuergerät abgelegten Kennfelder werden die Einspritzmengen berechnet und über die Einspritzventile eingespritzt. Darauf abgestimmt wird die Zündung aktiviert. Mit der ersten Verbrennung erfolgt der Drehzahlanstieg.

Der Kaltstart wird durch verschiedene Phasen charakterisiert (**Bild 4**):
● Startphase,
● Nachstartphase,
● Warmlauf,
● Katalysator-Heizen.

Startphase
Der Bereich von der ersten Verbrennung bis zum erstmaligen Überschreiten der definierten Startende-Drehzahl wird als Startphase bezeichnet. Für den Motorstart ist eine erhöhte Kraftstoffmenge notwendig (z. B. bei 20 °C ca. die 3- bis 4-fache Volllastmenge).

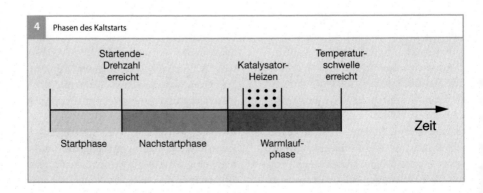

4   Phasen des Kaltstarts

Nachstartphase

In der anschließenden Nachstartphase werden die Füllung und die Einspritzmenge abhängig von der Motortemperatur und der bereits seit Startende vergangenen Zeit sukzessive reduziert.

Warmlaufphase

Die Warmlaufphase schließt sich der Nachstartphase an. Aufgrund der noch niedrigen Motortemperatur (und der daraus resultierenden erhöhten Reibmomente) besteht ein erhöhter Drehmomentbedarf. Dies bedeutet, dass weiterhin ein größerer Kraftstoffbedarf im Vergleich zum Bedarf bei warmem Motor gegeben ist. Dieser Mehrbedarf ist im Gegensatz zur Nachstartphase nur von der Motortemperatur abhängig und bis zu einer bestimmten Temperaturschwelle erforderlich.

Katalysator-Heizphase

Mit der Katalysator-Heizphase wird der Bereich des Kaltstarts bezeichnet, in dem durch Zusatzmaßnahmen ein schnelleres Aufheizen des Katalysators erreicht wird. Die Grenzen der verschiedenen Phasen sind fließend. Die Katalysator-Heizphase kann dem Warmlauf überlagert sein. Abhängig vom jeweiligen Motorsystem kann die Warmlaufphase auch über die Katalysator-Heizphase hinausreichen.

Emissionen während des Kaltstarts

Kraftstoff, der sich im Start bei kaltem Motor an der kalten Zylinderwand niederschlägt, verdunstet nicht sofort und nimmt deshalb nicht an der folgenden Verbrennung teil. Er gelangt im Ausstoßtakt in das Abgassystem und leistet somit keinen Beitrag zum Drehmomentaufbau. Um einen stabilen Motorhochlauf zu gewährleisten, ist deshalb eine erhöhte Kraftstoffmenge in Start- und Nachstartphase erforderlich.

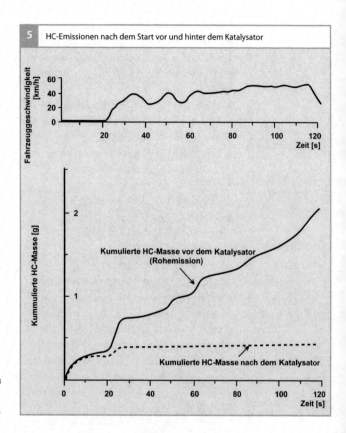

5 HC-Emissionen nach dem Start vor und hinter dem Katalysator

Die unverbrannt ausgestoßenen Kraftstoffbestandteile führen zu einem drastischen Anstieg der HC-Emissionen (**Bild 5**), aber auch der CO-Rohemissionen. Hinzu kommt, dass der Katalysator die Mindesttemperatur von etwa 300 °C erreicht haben muss, bevor er die Schadstoffe umsetzen kann. Damit der Katalysator schnell seine Betriebstemperatur erreicht, gibt es Maßnahmen, die ein schnelles Aufheizen des Katalysators ermöglichen. Zusätzlich gibt es Zusatzsysteme zur thermischen Nachbehandlung des Abgases, die in der Katalysator-Heizphase aktiviert werden.

Maßnahmen zur Aufheizung des
Katalysators
Ein schnelles Aufheizen des Katalysators im
Kaltstart kann durch folgende Maßnahmen
erreicht werden:
- hohe Abgastemperaturen durch späte
  Zündwinkel und großen Gasmassenstrom,
- motornahe Katalysatoren,
- Erhöhung der Abgastemperatur durch
  thermische Nachbehandlung.

Die Auswahl und der Einsatz der Maßnahmen erfolgt je nach Zielmarkt und seinen
entsprechenden Abgasvorschriften.

Thermische Nachbehandlung
Die unverbrannten Kohlenwasserstoffe wer-
den im Abgastrakt durch thermische Nach-
behandlung gemindert, indem sie bei hohen
Temperaturen nachverbrennen. Bei fetter
Motorabstimmung ist dazu eine Lufteinbla-
sung (Sekundärlufteinblasung) erforderlich.
Bei magerer Motorabstimmung erfolgt die
Nachverbrennung durch den im Abgas vor-
handen Restsauerstoff.

Sekundärlufteinblasung
Durch Sekundärlufteinblasung wird nach
dem Startvorgang in der Warmlaufphase
(mit $\lambda < 1$) zusätzlich Luft in den Abgastrakt
eingebracht. Es kommt zur exothermen
Reaktion mit den unverbrannten Kohlenwasserstoffen, die die hohen HC-und CO-
Konzentrationen im Abgas reduzieren. Zusätzlich setzt dieser Oxidationsvorgang
Wärme frei, sodass das Abgas heißer wird
und den von ihm durchströmten Katalysator
rasch aufheizt.

Einspritzlage
Neben der korrekten Einspritzdauer ist der
Zeitpunkt der Einspritzung (die Einspritzlage) bezogen auf den Kurbelwellenwinkel ein
weiterer Parameter zur Optimierung der
Verbrauchs- und Abgaswerte. Für jeden einzelnen Zylinder wird zwischen vorgelagerter
und saugsynchroner Einspritzung differen-
ziert. Es handelt sich um eine vorgelagerte
Einspritzung, wenn das Einspritzende für
den betreffenden Zylinder zeitlich noch vor
dem Öffnen des Einlassventils liegt und ein
Großteil des Kraftstoffsprays auf den Kanal-

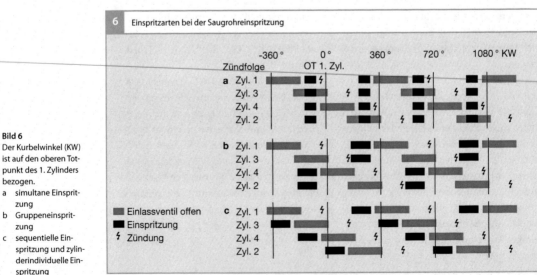

6   Einspritzarten bei der Saugrohreinspritzung

Bild 6
Der Kurbelwinkel (KW)
ist auf den oberen Tot-
punkt des 1. Zylinders
bezogen.
a   simultane Einsprit-
    zung
b   Gruppeneinsprit-
    zung
c   sequentielle Ein-
    spritzung und zylin-
    derindividuelle Ein-
    spritzung

boden und die Einlassventile trifft. Im Gegensatz hierzu erfolgt die saugsynchrone Einspritzung bei geöffneten Einlassventilen.

Wird hingegen die Einspritzlage aller Zylinder zueinander betrachtet, so wird zwischen folgenden Einspritzlagen unterschieden (Bild 6):
• simultane Einspritzung,
• Gruppeneinspritzung,
• sequentielle Einspritzung,
• zylinderindividuelle Einspritzung.

Die Variationsmöglichkeiten sind hierbei von der verwendeten Einspritzlage abhängig. Heute kommt nahezu ausschließlich die sequentielle Einspritzung zum Einsatz. Nur im Kaltstart bei den ersten Verbrennungen wird vereinzelt noch die simultane Einspritzung oder die Gruppeneinspritzung angewandt.

Simultane Einspritzung
Bei der simultanen Einspritzung werden alle Einspritzventile zum gleichen Zeitpunkt betätigt. Die Zeit, die zum Verdunsten des Kraftstoffs zur Verfügung steht, ist für die Zylinder unterschiedlich. Um trotzdem eine gute Gemischbildung zu erreichen, wird die für die Verbrennung benötigte Kraftstoffmenge in zwei Hälften aufgeteilt und jeweils einmal pro Kurbelwellenumdrehung eingespritzt. Bei dieser Einspritzlage ist nicht für alle Zylinder eine vorgelagerte Einspritzung möglich. Teilweise muss in das offene Einlassventil eingespritzt werden, da der Einspritzbeginn fest vorgegeben ist. Nachteilig ist hier, dass die Gemischaufbereitung für die verschiedenen Zylinder sehr unterschiedlich ist.

Gruppeneinspritzung
Bei der Gruppeneinspritzung werden die Einspritzventile zu zwei Gruppen zusammengefasst. Die beiden Gruppen spritzen die gesamte Einspritzmenge im Wechsel ein-

mal pro Kurbelwellenumdrehung ein. Diese Anordnung ermöglicht bereits eine betriebspunktabhängige Wahl des Einspritztimings und vermeidet in bestimmten Kennfeldbereichen die dort unerwünschte Einspritzung in den offenen Einlasskanal. Die Zeit, die für die Verdunstung des Kraftstoffs zur Verfügung steht, ist aber auch hier für die verschiedenen Zylinder unterschiedlich.

Sequentielle Einspritzung
Bei der sequentiellen Einspritzung (Sequential Fuel Injection SEFI) wird der Kraftstoff für jeden Zylinder einzeln eingespritzt. Die Einspritzventile werden nacheinander in der Zündfolge betätigt. Die Einspritzzeit und die Einspritzlage bezogen auf den oberen Totpunkt des jeweiligen Zylinders ist für alle Zylinder identisch. Damit ist die Gemischaufbereitung für jeden Zylinder identisch. Der Einspritzbeginn ist frei programmierbar und kann an den Motorbetriebszustand angepasst werden.

Zylinderindividuelle Einspritzung
Die zylinderindividuelle Einspritzung (Cylinder Individual Fuel Injection) bietet die größten Freiheitsgrade. Gegenüber der sequentiellen Einspritzung bietet sie den Vorteil, dass hier für jeden Zylinder die Einspritzzeit individuell beeinflusst werden kann. Damit können Ungleichmäßigkeiten z. B. bei der Zylinderfüllung ausgeglichen werden, was besonders für den Motorhochlauf im Kaltstart von großer Bedeutung für die Emissionsreduzierung ist. Der stöchiometrische Betrieb jedes Zylinders setzt hier eine zylinderspezifische Erfassung des Luftverhältnisses λ voraus. Dies bedingt eine Optimierung der Krümmergeometrie, um die Abgasdurchmischung der einzelnen Zylinder möglichst zu vermeiden.

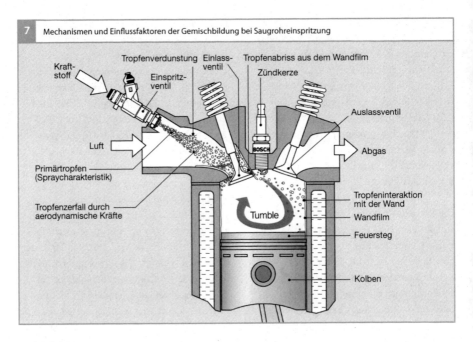

7   Mechanismen und Einflussfaktoren der Gemischbildung bei Saugrohreinspritzung

Gemischbildung

Die Gemischbildung beginnt mit der Kraftstoffeinspritzung in das Saugrohr und erstreckt sich über die Ansaugphase bis in die Kompressionsphase des jeweiligen Zylinders. Sie unterliegt vielen Forderungen wie z. B. der Bereitstellung eines zündfähigen Gemischs an der Zündkerze zum Zündzeitpunkt, einer guten Homogenisierung des Gemischs im Zylinder, einem guten dynamischen Verhalten im instationären Betrieb und geringen HC-Emissionen im Kaltstart.

Die Gemischbildung bei Saugrohreinspritzsystemen ist komplex (**Bild 7**). Sie erstreckt sich von der Charakteristik des primären Kraftstoffsprays über den Spraytransport im Saugrohr, den Sprayeintrag in den Brennraum bis zur Homogenisierung des Gemischs zum Zündzeitpunkt. Eine optimale Abstimmung dieser Bereiche führt letztlich zu einer guten Gemischaufbereitung. Sie unterscheidet sich teilweise für den kalten und den warmen Motorbetrieb und wird maßgeblich beeinflusst von:

- Motortemperatur,
- Primärtröpfchenspray,
- Einspritzlage,
- Spray-Targeting,
- Luftströmung.

Ziel ist es, zum Zündzeitpunkt des jeweiligen Zylinders ein homogenes Gemisch von Kraftstoffdampf und Luft im Brennraum vorliegen zu haben.

Primärtröpfchenspray

Als Primärtröpfchenspray bezeichnet man das Kraftstoffspray direkt nach dem Austritt aus dem Einspritzventil. Kleine Primärtröpfchen begünstigen tendenziell die Kraftstoffverdunstung. Allerdings ist hier zu berücksichtigen, dass bei kaltem Motor infolge niedriger Temperatur nur ein sehr geringer Anteil des eingespritzten Kraftstoffs im Saugrohr verdunstet. Der Großteil liegt als Wandfilm vor und wird in der Ansaugphase von der Luftströmung mitgerissen. Die eigentliche Gemischaufbereitung findet im Zylinder

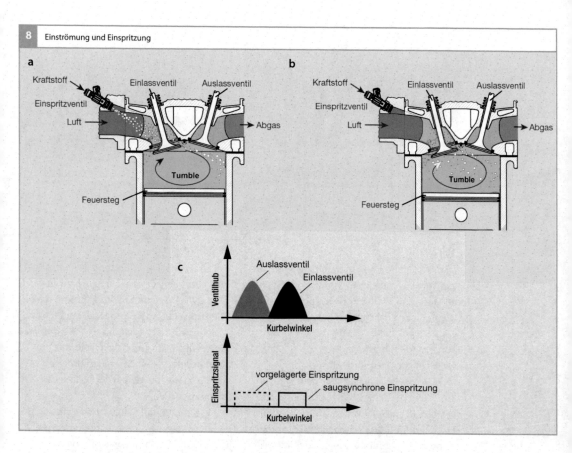

8 Einströmung und Einspritzung

a

Kraftstoff
Einspritzventil
Luft
Einlassventil
Auslassventil
Abgas
Tumble
Feuersteg

b

Kraftstoff
Einspritzventil
Luft
Einlassventil
Auslassventil
Abgas
Tumble
Feuersteg

c

Ventilhub
Auslassventil
Einlassventil
Kurbelwinkel

Einspritzsignal
vorgelagerte Einspritzung
saugsynchrone Einspritzung
Kurbelwinkel

statt. Bei warmem Motor hingegen verdunstet bereits im Saugrohr ein Großteil des eingespritzten Kraftstoffsprays sowie ein Teil des vorhandenen Wandfilms.

Einspritzlage
Die Einspritzlage hat vor allem bei kaltem Motor einen großen Einfluss auf die Gemischbildung und die HC-Rohemissionen.

Saugsynchrone Einspritzung
Bei saugsynchroner Einspritzung wird ein Teil des Kraftstoffs durch die Luftströmung an die gegenüberliegende Zylinderwand Richtung Auslassventile transportiert (Bild 8a). Dieser Kraftstofffilm (Wandfilm) verdunstet an den kalten Zylinderwänden

nicht, nimmt somit nicht an der Verbrennung teil und gelangt deshalb unverbrannt in den Auslasskanal. Dies führt zu erhöhten Rohemissionen. Die saugsynchrone Einspritzung wird heute im Kaltstart nur noch selten angewandt. Sie kommt im warmen Motorbetrieb an der Volllast zur Leistungssteigerung (zur Ladungskühlung und zur Klopfreduzierung) zum Einsatz. Neue Ansätze mit zwei Einspritzventilen je Zylinder bieten hier neue Freiheitsgrade. Da bei saugsynchroner Einspritzung die Kraftstoffverdunstung weitgehend im Brennraum stattfindet, kann die Frischluftfüllung gesteigert werden. Der Grund hierfür ist, dass die flüssigen Kraftstofftröpfchen im Saugrohr ein kleineres Volumen einnehmen als

Bild 8
a) Einströmung bei saugsynchroner Einspritzung
b) Einströmung bei vorgelagerter Einspritzung
c) Lage des Einspritzsignals

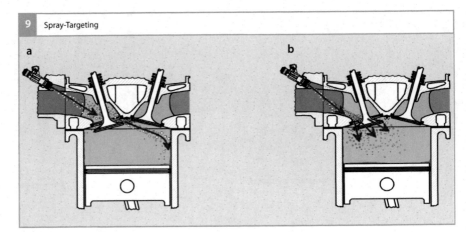

9 | Spray-Targeting

a   b

Bild 9
a) Spray-Ausrichtung
   zentral auf den
   Ventilteller
b) Spray-Ausrichtung
   auf die untere Kanal-
   wand.

Dampf. Außerdem wird durch die Kraft-
stoffverdampfung im Brennraum die Zylinderladung abgekühlt, was sich positiv auf die
Klopfneigung des Motors auswirkt.

Vorgelagerte Einspritzung
Durch eine vorgelagerte Einspritzung
(**Bild 8b**) ist im Kaltstart eine deutliche Reduzierung der Schadstoffemissionen erreichbar. Der Kraftstoffeintrag wird in Richtung
Brennraummitte verschoben und die unerwünschte Wandfilmbildung an der auslassseitigen Zylinderwand wird vermieden.

Spray-Targeting
Zusätzlich zur vorgelagerten Einspritzung
können in Kombination mit optimalem
Spray-Targeting (Sprayausrichtung relativ
zum Saugkanal und Brennraum, **Bild 9**) die
HC-Emissionen im Kaltstart weiter verringert werden. Bei Ausrichtung des Sprays in
Richtung Kanalboden (**Bild 9b**) wird das angesaugte Spray verstärkt in Richtung Brennraummitte transportiert. Dadurch wird die
Kraftstoffbenetzung der auslassseitigen Zylinderwand weiter reduziert, was sich in
niedrigeren HC-Emissionen in der Startphase zeigt. Zudem verringert sich die Gefahr
einer zu starken Benetzung der Zündkerze

mit Kraftstoff. Die Benetzung des Kanalbo-
dens führt andererseits aber auch zu einer
verstärkten Wandfilmbildung im Saugrohr.
Hierbei ist der Applikationsaufwand für den
Instationärbetrieb (beim Lastwechsel) etwas
aufwendiger. Grundsätzlich ist immer ein
Kompromiss zwischen den Anforderungen
des Kaltstarts und denen des Instationärbe-
triebs zu suchen.

Bei Motoren mit Saugrohreinspritzung ist
es notwendig, bei Laständerungen die gespeicherte Wandfilmmasse im Saugrohr zu
berücksichtigen. Bei einer sprunghaften
Lasterhöhung wird mehr Wandfilm aufgebaut. Es würde ein unerwünschter Luftüberschuss entstehen, falls bei der Berechnung
der notwendigen Einspritzmenge die gespeicherte Wandfilmmenge und ihr verzögerter
Eintrag in den Brennraum nicht berücksichtigt würde. Hierfür sind im Motorsteuergerät
Wandfilm-Kompensationsfunktionen integriert, die bei der Applikation auf die jeweilige Motorgeometrie und das Spray-Targeting
bedatet werden müssen, um weitgehend einen Betrieb bei $\lambda = 1$ auch im instationären
Betriebszustand zu gewährleisten.

Luftströmung
Die Luftströmung wird maßgeblich durch die Motordrehzahl, die geometrische Gestaltung des Einlasskanals sowie durch die Öffnungszeiten und die Erhebungskurve der Einlassventile beeinflusst. Teilweise sind Ladungsbewegungsklappen im Einsatz, um zusätzlich auf die Strömungsrichtung (Tumble, Drall) betriebspunktabhängig Einfluss zu nehmen. Ziel ist es, die notwendige Luft in der zur Verfügung stehenden Zeit in den Brennraum zu bekommen und eine gute Homogenisierung des Luft-Kraftstoff-Gemischs im Brennraum bis zum Zündzeitpunkt zu erzielen.

Eine starke Zylinderinnenströmung begünstigt eine gute Homogenisierung und ermöglicht eine Erhöhung der AGR-Verträglichkeit (Abgasrückführrate), wodurch eine Verbrauchs- und NO_x-Reduzierung erzielt werden kann. Eine starke Zylinderinnenströmung verringert jedoch bei Volllast die Füllung, was eine Absenkung des maximalen Drehmoments und der maximalen Leistung zur Folge hat. Daher werden überwiegend variable Klappen eingesetzt, um eine hohe Ladungsbewegung in der Teillast und eine minimale Drosselung in der Volllast zu kombinieren (**Bild 18, Pos. 8**).

Sekundäre Gemischaufbereitung
Zusätzlich unterstützt die Luftströmung auch die Kraftstoffaufbereitung (durch sekundäre Gemischaufbereitung). Besteht zum Zeitpunkt des Öffnens der Einlassventile (EÖ) ein Differenzdruck zwischen Saugrohr und Brennraum, werden durch die entstehende Strömung die Kraftstoffaufbereitung und der Transport beeinflusst. Ist der Saugrohrdruck beim Öffnen des Einlassventils wesentlich größer als der Brennraumdruck, so werden das Luft-Kraftstoff-Gemisch und der Wandfilm im Ventilspalt beschleunigt in den Brennraum gesaugt.

Ist der Saugrohrdruck beim Öffnen der Einlassventile kleiner als im Brennraum, dann strömt warmes Abgas aus der vorhergehenden Verbrennung zurück in das Saugrohr. Hier wird zum einen die Aufbereitung des Wandfilms und der Kraftstofftröpfchen durch die Rückströmung begünstigt, zum anderen unterstützt das warme Abgas zusätzlich die Verdunstung. Dieser Vorgang ist besonders beim Kaltstart in der Warmlauf- und in der Katalysator-Heizphase wichtig.

Elektromagnetische Einspritzventile
Aufgabe
Elektrisch angesteuerte Einspritzventile spritzen den unter Systemdruck stehenden Kraftstoff in das Saugrohr ein. Dabei werden Einspritzzeitpunkt und -dauer individuell für jeden Zylinder vom Motorsteuergerät anhand der angesaugten Luftmasse und des aktuellen Betriebszustands des Motors berechnet und die Einspritzventile über Endstufen, die im Motorsteuergerät integriert sind, entsprechend angesteuert. Neben der exakten Dosierung der Einspritzmenge ist die Strahlaufbereitung unter Berücksichtigung der Saugrohrgeometrie und der Position der Einlassventile sowie die Zerstäubung des Kraftstoffs eine wichtige Funktion des Einspritzventils.

10 Elektromagnetisches Einspritzventil für die Saugrohreinspritzung

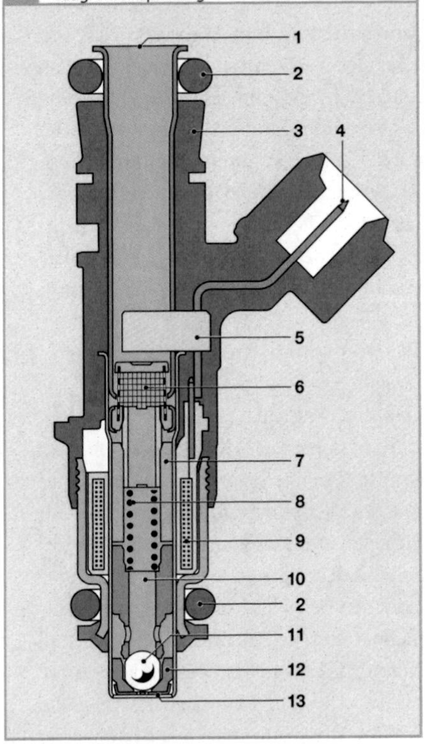

Bild 10
1 hydraulischer Anschluss
2 Dichtring (O-Ring)
3 Ventilgehäuse
4 elektrischer Anschluss
5 Plastikclip mit eingespritzten Pins
6 Filtersieb
7 Innenpol
8 Ventilfeder
9 Magnetspule
10 Ventilnadel mit Anker
11 Ventilkugel
12 Ventilsitz
13 Spritzlochscheibe

Aufbau und Arbeitsweise
Elektromagnetische Einspritzventile
(Bild 10) bestehen im Wesentlichen aus
- dem Ventilgehäuse (3) mit elektrischem (4) und hydraulischem Anschluss (1),
- der Spule des Elektromagneten (9),
- der beweglichen Ventilnadel (10) mit Magnetanker und Ventilkugel (11),
- dem Ventilsitz (12) mit der Spritzlochscheibe (13),
- der Ventilfeder (8).

Um einen störungsfreien Betrieb zu gewährleisten, ist das Einspritzventil im Kraftstoff führenden Bereich aus korrosionsbeständigem Stahl gefertigt. Ein Filtersieb (6) im Kraftstoffzulauf schützt das Einspritzventil vor Verschmutzung.

Anschlüsse
Bei den gegenwärtig verwendeten Einspritzventilen verläuft die Kraftstoffzuführung in axialer Richtung zum Einspritzventil von oben nach unten (Top Feed). Die Einspritzventile sind am hydraulischen Anschluss mit einer Klemm- oder Spannvorrichtung am Kraftstoffverteilerrohr (Fuel Rail) befestigt und mit einem Dichtring (O-Ring) abgedichtet. Halteklemmen sorgen für eine zuverlässige Fixierung. Am Saugrohr sind Öffnungen für die Einspritzventile vorgesehen, in welche diese eingeschoben werden. Die Abdichtung erfolgt durch den unteren Dichtring (O-Ring) am Einspritzventil. Der elektrische Anschluss des Einspritzventils ist mit dem Motorsteuergerät verbunden.

Funktion des Ventils
Bei stromloser Spule drücken die Federkraft und die aus dem Kraftstoffdruck resultierende Kraft die Ventilnadel mit der Ventilkugel in den kegelförmigen Ventilsitz. Hierdurch wird das Kraftstoffversorgungssystem gegen das Saugrohr abgedichtet. Wird die Spule bestromt, entsteht ein Magnetfeld, das den Magnetanker der Ventilnadel anzieht. Die Ventilkugel hebt vom Ventilsitz ab und der Kraftstoff wird eingespritzt. Wird der Erregerstrom abgeschaltet, schließt die Ventilnadel wieder durch die Federkraft.

Kraftstoffaustritt
Die Zerstäubung des Kraftstoffs geschieht mit einer Spritzlochscheibe. Mit den gestanzten Spritzlöchern wird eine hohe Konstanz der eingespritzten Kraftstoffmenge erzielt. Die Spritzlochscheibe ist auch unempfindlich gegenüber Kraftstoffablagerungen. Das Strahlbild des austretenden Kraftstoffs ergibt sich durch die Anordnung und die Anzahl der Spritzlöcher.

Die Kugel im kegelförmigen Ventilsitz gewährleistet eine gute Ventildichtheit. Die eingespritzte Kraftstoffmenge pro Zeiteinheit ist im Wesentlichen durch den Systemdruck im Kraftstoffversorgungssystem, den Gegendruck im Saugrohr und die Geometrie des Kraftstoffaustrittsbereichs bestimmt.

Elektrische Ansteuerung
Ein Endstufenbaustein im Motorsteuergerät steuert das Einspritzventil mit einem Schaltsignal an (**Bild 11**). Der Strom in der Magnetspule steigt (b) und bewirkt eine Anhebung der Ventilnadel (c). Nach Ablauf der Zeit t_{an} (Anzugszeit) ist der maximale Ventilhub erreicht. Sobald die Ventilkugel aus ihrem Sitz abhebt, wird Kraftstoff eingespritzt. In **Bild 11d** ist der prinzipielle Verlauf der während eines Einspritzimpulses insgesamt eingespritzten Menge dargestellt. Während der Ventilanzug- und -abfallzeiten treten Nichtlinearitäten auf, die nicht eingezeichnet sind.

Da sich das Magnetfeld nach Abschalten der Ansteuerung nicht schlagartig abbaut, schließt das Ventil verzögert. Nach Ablauf der Zeit t_{ab} (Abfallzeit) ist das Ventil wieder

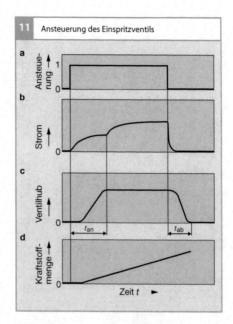

11 Ansteuerung des Einspritzventils

a Ansteuerung
b Strom
c Ventilhub
d Kraftstoffmenge
Zeit t

Bild 11
a Ansteuerungssignal
b Stromverlauf
c Ventilhub
d eingespritzte Kraftstoffmenge (prinzipieller Verlauf)
t_{an} Anzugszeit
t_{ab} Abfallzeit

vollständig geschlossen. Bei vollständig geöffnetem Ventil ist die Einspritzmenge proportional zur Zeit. Die Nichtlinearitäten während der Ventilanzugs- und Ventilabfallphase müssen über die Zeitdauer der An-

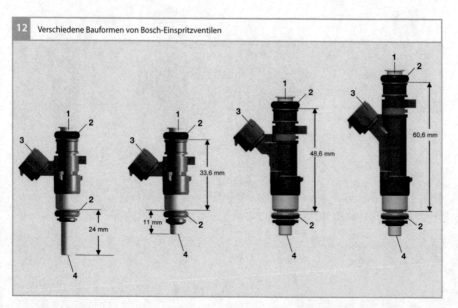

12 Verschiedene Bauformen von Bosch-Einspritzventilen

33,6 mm
24 mm
11 mm
48,6 mm
60,6 mm

Bild 12
1 hydraulischer Anschluss
2 Dichtring (O-Ring)
3 elektrischer Anschluss
4 Kraftstoffaustritt

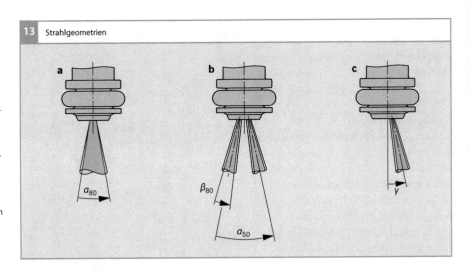

13 Strahlgeometrien

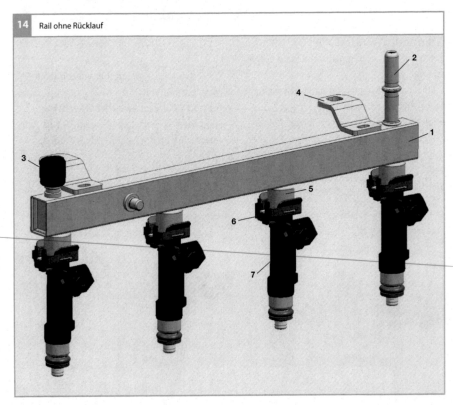

14 Rail ohne Rücklauf

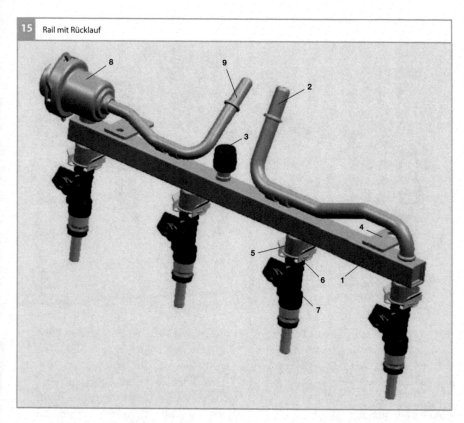

Bild 15
1   Kraftstoffverteiler
    (Rail)
2   Zulaufanschluss
3   Diagnoseventil
4   Rail-Montagehalter
5   Rail-Tasse
6   Montage-Clip
7   Einspritzventil
8   Druckregler
9   Rücklauf zum Tank

steuerung kompensiert werden. Die Geschwindigkeit, mit der die Ventilnadel von ihrem Sitz abhebt, ist zudem von der Batteriespannung abhängig. Eine batteriespannungsabhängige Einspritzzeitverlängerung korrigiert diese Einflüsse.

Einspritzventil
Die Bilder 10 und 12 zeigen Standardeinspritzventile für die aktuellen Einspritzanlagen. Eine geringe Neigung zur Dampfblasenbildung bei heißem Kraftstoff erleichtert den Einsatz rücklauffreier Kraftstoffversorgungssysteme, da dort die Kraftstofftemperatur im Einspritzventil gegenüber Systemen mit Rücklauf höher ist. Zur besseren Zerstäubung des Kraftstoffs werden die in der Regel verwendeten Spritzlochscheiben mit vier Löchern durch Mehrlochscheiben mit bis zu zwölf Spritzlöchern ersetzt. Dies führt zu einer bis zu 35 % reduzierten Tröpfchengröße und verringerten Abgasemissionen.

Strahlaufbereitung
Die Strahlaufbereitung der Einspritzventile, d. h. Strahlform, Strahlwinkel und Tröpfchengröße, beeinflusst die Bildung des Luft-Kraftstoff-Gemischs. Sie ist somit eine sehr wichtige Funktion des Einspritzventils. Individuelle Geometrien von Saugrohr und Zylinderkopf machen unterschiedliche Ausführungen der Strahlaufbereitung erforderlich. Dafür stehen verschiedene Varianten der Strahlaufbereitung zur Verfügung. Die in

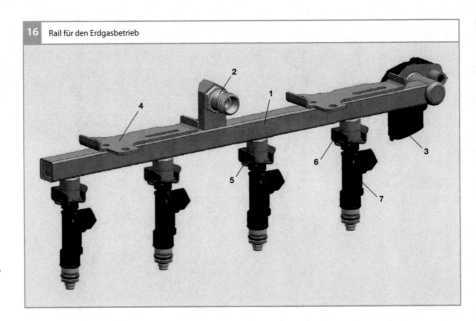

16 Rail für den Erdgasbetrieb

Bild 16
1 Kraftstoffverteiler
2 Zulaufanschluss
3 Gasdrucksensor
4 Rail-Montagehalter
5 Rail-Tasse
6 Montage-Clip
7 Erdgas-Injektor

Bild 13 gezeigten Strahlformen können sowohl als Vierloch- als auch als Mehrloch-Variante mit reduzierter Tröpfchengröße erzeugt werden.

Kegelstrahl (Einstrahl)
Durch die Öffnungen der Spritzlochscheibe treten einzelne Kraftstoffstrahlen aus. Die Summe der Kraftstoffstrahlen bildet einen Strahlkegel, dessen Winkel entsprechend der motorspezifischen Anforderungen variiert werden kann (**Bild 13a**). Typisches Einsatzgebiet der Kegelstrahlventile sind Motoren mit nur einem Einlassventil pro Zylinder, doch auch bei zwei Einlassventilen pro Zylinder ist der Kegelstrahl geeignet.

Zweistrahl
Die Zweistrahlaufbereitung wird bei Motoren mit zwei Einlassventilen pro Zylinder eingesetzt. Die Öffnungen der Spritzlochscheibe sind derart angeordnet, dass zwei Kraftstoffstrahlen (zwei Kegelstrahlen) – die jeweils aus mehreren Einzelstrahlen zusam-

mengesetzt sein können – aus dem Einspritzventil austreten und vor die Einlassventile oder auf den Trennsteg zwischen den Einlassventilen spritzen (**Bild 13b**). Der Öffnungswinkel zwischen den beiden Kegelstrahlen kann entsprechend der motorspezifischen Anforderungen variiert werden.

Gekippter Strahl
Dieser Kraftstoffstrahl (Einstrahl und Zweistrahl) ist hier gegenüber der Hauptachse des Einspritzventils um einen bestimmten Winkel, den Strahlrichtungswinkel, gekippt (**Bild 13c**). Einspritzventile mit dieser Strahlform finden Anwendung bei schwierigen Einbauverhältnissen.

Kraftstoffverteiler
Die Aufgabe des Kraftstoffverteilers (Fuel Rail, Rail) ist, den für die Einspritzung benötigten Kraftstoff zu speichern, Pulsationen zu dämpfen und die Gleichverteilung auf alle Einspritzventile sicherzustellen. Man unterscheidet grundsätzlich durchströmte Rails (Return-System, mit Rücklauf, **Bild 15**) und

nicht durchströmte Rails (Returnless System, ohne Rücklauf, Bild 14). Die Einspritzventile sind direkt am Kraftstoffverteilerrohr montiert. Neben den Einspritzventilen kann bei Systemen mit Rücklauf auch ein Kraftstoffdruckregler und eventuell im Kraftstoffverteilerrohr ein Druckdämpfer integriert werden.

Die gezielte Auslegung von Abmessungen des Kraftstoffverteilerrohrs verhindert örtliche Druckänderungen durch Resonanzen beim Öffnen und Schließen der Einspritzventile. Last- und drehzahlabhängige Unregelmäßigkeiten der Einspritzmengen werden dadurch vermieden. Abhängig von den Anforderungen der verschiedenen Fahrzeugtypen besteht das Kraftstoffverteilerrohr aus Edelstahl oder Kunststoff. Zu Prüfzwecken und zum Druckabbau im Service kann ein Diagnoseventil integriert sein.

Ergänzend zu den Benzin- und Ethanol-Kraftstoffverteilerrohren gibt es auch Kraftstoffverteilerrohre für den Erdgasbetrieb (siehe **Bild 16**). Hierbei kommen spezielle Gasventile zum Einsatz. Die Druck- und Temperaturüberwachung erfolgt über einen entsprechenden Sensor.

Benzin-Direkteinspritzung

Einleitung

Die Benzin-Direkteinspritzung ermöglicht eine effektive Weiterentwicklung von Otto-motoren hinsichtlich Verbrauch und Abgas, bei der auch die Fahrdynamik und der Fahrkomfort nicht zu kurz kommen muss. Sie ist der Schlüssel für effektives Downsizing von Ottomotoren und ermöglicht Verbrauchseinsparungen bis zu 20 %. Durch die Synergie von Benzin-Direkteinspritzung, Abgasturboaufladung und einer variablen Nockenwellensteuerung können Drehmomente und Motorleistungen realisiert werden, die bislang nur größeren Motorhubräumen und -zylinderzahlen vorbehalten waren.

Für den Fahrer äußert sich dies z. B. im hochdynamischen Ansprechverhalten des Fahrzeugs bei Geschwindigkeitsänderungen, was im heutigen Straßenverkehr einen Komfort- und einen Sicherheitsaspekt darstellt. Überdies lässt die Benzin-Direkteinspritzung eine Gesamtoptimierung des Antriebs zu, um kostengünstige Abgasnachbehandlungskonzepte für künftige Emissionsgrenzen, wie z. B. EU6 in Europa und SULEV in USA, darzustellen.

Übersicht

Die Forderung nach leistungsfähigen Ottomotoren bei gleichzeitig niedrigem Kraftstoffverbrauch und niedrigen Emissionen führte zur Wiederentdeckung der Benzin-Direkteinspritzung. Gegenüber Saugrohr-Einspritzsystemen bietet die Benzin-Direkteinspritzung zusätzliche Freiheitsgrade aufgrund der inneren Gemischbildung. Sie bietet die Grundlage moderner und leistungsfähiger Brennverfahren wie z. B. des Schichtmagerbetriebs oder der homogenen Kompressionszündung (HCCI). Bei Turbomotoren mit stöchiometrischer Verbrennung ergeben sich Vorteile im Drehmoment im unteren Drehzahlbereich durch eine erhöhte Überschneidung der Ladungswechselventile und durch die geringere Klopfneigung aufgrund der Verdampfung des Kraftstoffs im Brennraum.

Das Prinzip ist nicht neu. Bereits 1937 kam ein Flugzeugmotor mit einer mechanischen Benzin-Direkteinspritzung zum Einsatz. 1951 wurde ein Zweitakt-Motor mit einer mechanischen Benzin-Direkteinspritzung erstmals serienmäßig in einem Pkw, dem Gutbrod, eingebaut. 1954 folgte der Mercedes 300 SL mit einem Viertakt-Motor und Direkteinspritzung.

Die Konstruktion eines direkteinspritzenden Motors war für die damalige Zeit sehr aufwendig. Zudem stellte diese Technik hohe Anforderungen an die benötigten Werkstoffe. Die Dauerhaltbarkeit des Motors war ein weiteres Problem. All diese Probleme verhinderten über eine lange Zeit den Durchbruch der Benzin-Direkteinspritzung.

Arbeitsweise
Benzin-Direkteinspritzsysteme sind durch eine Hochdruckeinspritzung direkt in den Brennraum gekennzeichnet (**Bild 17**). Das Luft-Kraftstoff-Gemisch entsteht wie beim Dieselmotor innerhalb des Brennraums (durch innere Gemischbildung). Das Kraftstoffsystem besteht aus Elektrokraftstoffpumpe, Hochdruckpumpe, Rail, Hochdrucksensor und den Einspritzventilen (**Bild 18**).

Hochdruckerzeugung
Die Elektrokraftstoffpumpe (**Bild 18**, Pos. 10) fördert den Kraftstoff mit dem Vorförderdruck von 3...5 bar zur Hochdruckpumpe (11). Diese erzeugt abhängig vom Betriebspunkt (gefordertes Drehmoment und Drehzahl) den Systemdruck. Der unter Hochdruck stehende Kraftstoff gelangt in das Rail (12) und wird dort gespeichert. Der Kraftstoffdruck wird mit dem Hochdrucksensor (13) gemessen und über das in der

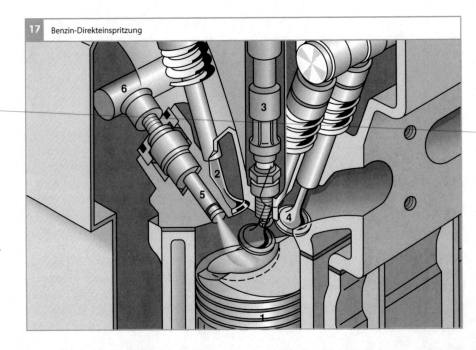

17   Benzin-Direkteinspritzung

Bild 17
1 Kolben
2 Einlassventil
3 Zündkerze mit aufgesteckter Zündspule
4 Auslassventil
5 Hochdruck-Einspritzventil
6 Kraftstoffverteilerrohr (Rail)

---

18 Strukturbild eines Ottomotors mit Benzin-Direkteinspritzung einschließlich Komponenten für die Steuerung und Regelung

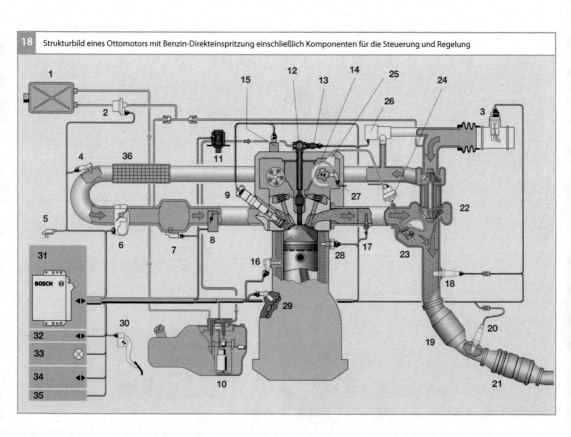

Hochdruckpumpe integrierte Mengensteuerventil auf Werte zwischen 50 und 200 bar
eingestellt. Am Rail, auch als „Common
Rail" bezeichnet, sind die Hochdruck-Ein-
spritzventile (14) angeordnet. Sie werden
vom Motorsteuergerät angesteuert und spritzen den Kraftstoff in den Brennraum des
Zylinders ein. Die Komponenten der Bosch-
Benzin-Direkteinspritzung sind aus Edelstahl gefertigt und somit robust im Einsatz
mit unterschiedlichen Kraftstoffen. Die Medienverträglichkeit besteht für alle gängigen
Kraftstoffe, E85 (85 % Ethanol und 15 %
Benzin) und M15 (15 % Methanol und 85 %
Benzin). Weitere Kraftstoffe können in Abstimmung mit dem Fahrzeughersteller frei-
gegeben werden.

Bild 18
1 Aktivkohlebehälter
2 Tankentlüftungsventil
3 Heißfilm-Luftmassenmesser
4 kombinierter Ladedruck- und Ansauglufttemperatursensor
5 Umgebungsdrucksensor
6 Drosselvorrichtung (EGAS)
7 Saugrohrdrucksensor
8 Ladungsbewegungsklappe
9 Zündspule mit Zündkerze
10 Kraftstofffördermodul mit Elektrokraftstoffpumpe
11 Hochdruckpumpe
12 Kraftstoff-Verteilerrohr
13 Hochdrucksensor
14 Hochdruck-Einspritzventil
15 Nockenwellenversteller
16 Klopfsensor
17 Abgastemperatursensor
18 λ-Sonde

19 Vorkatalysator
20 λ-Sonde
21 Hauptkatalysator
22 Abgasturbolader
23 Waste-Gate
24 Waste-Gate-Steller
25 Vakuumpumpe
26 Schub-Umluftventil
27 Nockenwellenphasensensor
28 Motortemperatursensor
29 Drehzahlsensor
30 Fahrpedalmodul
31 Motorsteuergerät
32 CAN-Schnittstelle
33 Motorkontrollleuchte
34 Diagnoseschnittstelle
35 Schnittstelle zur Wegfahrsperre
36 Ladeluftkühler

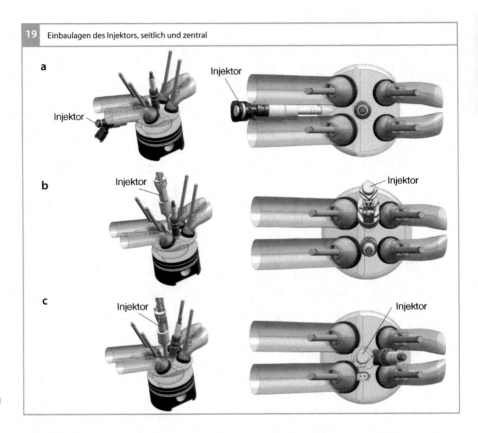

19   Einbaulagen des Injektors, seitlich und zentral

a   Injektor
    Injektor

b   Injektor
    Injektor

c   Injektor
    Injektor

Bild 19
a   seitlicher Einbau
b   zentral longitudinal
c   zentral transversal

Brennverfahren und Betriebsarten

Brennverfahren

Als Brennverfahren wird die Art und Weise bezeichnet, wie das Gemisch im Brennraum gebildet und die Energie durch die Verbrennung freigesetzt wird. Hierbei werden die Abläufe durch viele Parameter beeinflusst. Wesentliche Parameter sind die Geometrie des Brennraums, die Brennraumströmung und die Ausrichtung des Kraftstoffsprays, aber auch die steuerbaren Größen wie der Einspritz- und der Zündungszeitpunkt. Die Optimierung all dieser Parameter ist die Grundvoraussetzung für ein robust ablaufendes Brennverfahren mit rascher und vollständiger Verbrennung und geringen Emissionen.

Die Kraftstoffverteilung im Brennraum wird stark durch die Einbaulage des Einspritzventils beeinflusst. Heute haben sich bei den üblichen Vierventilmotoren die beiden Einbaulagen seitlich und zentral etabliert. Bei seitlicher Einbaulage wird der Injektor unterhalb des Einlasskanals positioniert (Bild 19a) . Der Kraftstoff wird zwischen den Einlassventilen in den Brennraum eingespritzt. Ein wesentlicher Vorteil dieser Einbaulage ist die relativ einfache Anpassung eines Zylinderkopfes einer bestehenden Saugrohreinspritzung, was den Umstieg auf die Direkteinspritzung für die Motorenhersteller deutlich erleichtert.

Bei zentraler Einbaulage haben sich in Serienmotoren zwei Positionierungsmöglichkeiten durchgesetzt, der longitudinale und der transversale Einbau (Bild 19b, c). Beim longitudinalen Einbau liegen Zündkerze und Injektor im Zylinderdach zwischen den Ein-

und Auslassventilen. Dadurch kann eine bessere Zylinderkopfkühlung erreicht werden. Es bleibt auch ein größerer Freiraum für die Einlass- und Auslasskanäle. Bei der transversalen Einbaulage liegt der Injektor zwischen den Einlassventilen, die Zündkerze zwischen den Auslassventilen. Bei dieser Positionierung bleibt die Injektorspitze vergleichsweise kühl. Die Robustheit gegen Ablagerungen an der Injektorspitze wird dadurch verbessert. Die zentrale Einbaulage erlaubt zudem, das volle Potential der Verbrauchsreduzierung durch Kraftstoffschichtung zu nutzen. Heutige Schichtbrennverfahren verwenden hierzu die transversale Einbaulage.

Ein Brennverfahren besteht oft aus mehreren verschiedenen Betriebsarten, auf die betriebspunktabhängig umgeschaltet wird. Prinzipiell teilen sich die Brennverfahren in zwei Klassen auf: in Homogen- und Schichtbrennverfahren.

Homogenbrennverfahren
Beim Homogenbrennverfahren wird in der Regel im gesamten Motorkennfeld ein im Mittel stöchiometrisches Gemisch im Brennraum gebildet (Bild 20). Das bedeutet, dass immer eine Luftzahl von $\lambda = 1$ vorliegt. Damit wird wie bei der Saugrohreinspritzung die Abgasnachbehandlung durch einen Drei-Wege-Katalysator ermöglicht. Dieses Brennverfahren wird in Verbindung mit einer Aufladung häufig beim Downsizing (Reduzierung des Hubraums bei gleichzeitiger Effizienzsteigerung) angewandt, um den Kraftstoffverbrauch zu senken.

Das Homogenbrennverfahren wird immer im Homogenmodus betrieben, allerdings kann es auch hier Sonderbetriebsarten geben, die motorindividuell unterschiedlich zu bestimmten Einsatzzwecken genutzt werden.

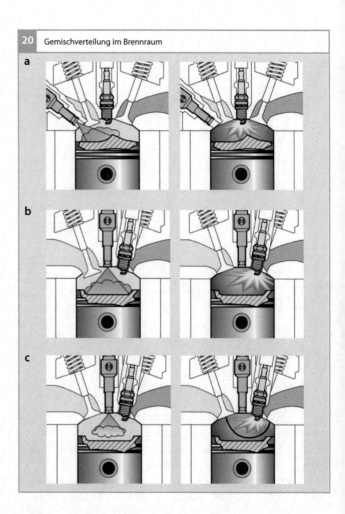

20 Gemischverteilung im Brennraum

a

b

c

Schichtbrennverfahren
Beim Schichtbrennverfahren wird in einem bestimmten Kennfeldbereich (kleine Last, kleine Drehzahl) der Kraftstoff erst im Verdichtungstakt in den Brennraum eingespritzt und ggf. als Schichtwolke zur Zündkerze transportiert (Bild 20 c). Die Wolke ist dabei im idealen Fall von reiner Frischluft umgeben. Somit ist nur in der lokalen Wolke ein zündfähiges Gemisch vorhanden. Gemittelt über den gesamten Brennraum liegt eine Luftzahl $\lambda > 1$ vor. Dadurch kann in größeren Bereichen ungedrosselt gefahren werden, was aufgrund der reduzierten Ladungswech-

Bild 20
a seitliche Einbaulage des Einspritzventils: homogene Gemischbildung und Verbrennung
b zentrale Einbaulage des Einspritzventils: homogene Gemischbildung und Verbrennung
c zentrale Einbaulage des Einspritzventils: geschichtete Gemischbildung und Verbrennung, die blaue Linie markiert die Gemischwolke

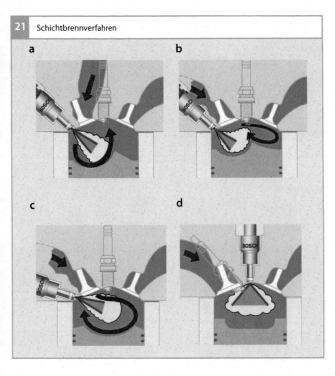

21 Schichtbrennverfahren

a

b

c

d

Bild 21
a–c wand- und luft-
    geführte Brenn-
    verfahren
a, b Gemischtransport
    über die Kolben-
    mulde
d strahlgeführtes
    Brennverfahren

im Brennraum so führt, dass (im Falle der Luftführung) der Kraftstoff auf einem Luftpolster zur Zündkerze geleitet wird. Reale geschichtete Brennverfahren mit seitlichem Injektoreinbau vereinen meist beides, abhängig vom Einbauwinkel der Injektoren, der eingespritzten Kraftstoffmenge und der Ladungsbewegung im Brennraum. Wand- und luftgeführte Schichtbrennverfahren werden seit ca. 2005 aus Kosten-Nutzen-Gründen in Serienmotoren nicht mehr umgesetzt.

Strahlgeführtes Brennverfahren
Das strahlgeführte Brennverfahren verwendet die zentrale Einbaulage. Die Zündkerze ist injektornah im Brennraumdach eingebaut (**Bild 21d**). Der Vorteil dieser Anordnung ist die Möglichkeit der direkten Strahlführung des Kraftstoffstrahls zur Zündkerze ohne Umwege über Kolben oder Luftströmungen. Nachteilig ist allerdings die kurze Zeit, die zur Gemischaufbereitung zur Verfügung steht. Strahlgeführte Schichtbrennverfahren benötigen daher einen Kraftstoffdruck von ca. 200 bar und eine hohe Gemischgüte. Dies wird beim Injektor für strahlgeführte Brennverfahren durch eine außenöffnende Düse mit Lamellenzerfall erreicht.

Das strahlgeführte Brennverfahren erfordert eine exakte Positionierung von Zündkerze und Einspritzventil sowie eine präzise Strahlausrichtung, um das Gemisch zum richtigen Zeitpunkt entzünden zu können. Die Wärmewechselbelastung der Zündkerze ist dabei sehr hoch, da die heiße Zündkerze unter Umständen vom relativ kalten Einspritzstrahl direkt benetzt wird. Bei guter Auslegung des Systems weist das strahlgeführte Brennverfahren einen höheren Wirkungsgrad auf als die anderen geschichteten Brennverfahren, sodass hier gegenüber dem Schichtbetrieb mit wand- und luftgeführten Brennverfahren eine noch höhere Verbrauchsersparnis erreicht werden kann.

selverluste und der wegen der erhöhten Verdünnung reduzierten mittleren Gastemperatur, und damit günstigen Stoffwerten der Zylinderladung im Brennraum, zu einer Erhöhung des Wirkungsgrads führt. Das Schichtbrennverfahren ist ein mageres Verbrauchskonzept mit hohen Potentialen für den Ottomotor.

Heute wird in Neufahrzeugen aufgrund der hohen Kosten für das Abgassystem nur noch das Schichtkonzept mit dem größten Verbrauchspotential, das strahlgeführte Brennverfahren, eingesetzt.

Wand- und luftgeführtes Brennverfahren
Beim wand- und luftgeführten Brennverfahren sitzt der Injektor in seitlicher Einbaulage (**Bild 21a-c**). Der Gemischtransport erfolgt über die Kolbenmulde, die (im Falle der Wandführung) entweder direkt mit dem Kraftstoff interagiert oder die Luftströmung

Außerhalb des Schichtbetriebbereichs wird auch beim Schichtbrennverfahren der Motor im Homogenmodus betrieben.

Betriebsarten

Im Folgenden sollen die unterschiedlichen Betriebsarten, die bei der Benzin-Direkteinspritzung eingesetzt werden, aufgeführt werden. Je nach Betriebspunkt des Motors wird die geeignete Betriebsart von der Motorsteuerung eingestellt (Bild 22).

Homogen

Im Homogenmodus wird die eingespritzte Kraftstoffmenge genau im stöchiometrischen Verhältnis ($\lambda = 1$), z. B. bei Super-Benzin 14,7:1, der Frischluft zugemessen. Dabei wird der Kraftstoff im Ansaughub eingespritzt, damit genügend Zeit verbleibt, um das gesamte Gemisch zu homogenisieren. Zum Bauteilschutz des Katalysators oder zur Leistungssteigerung an der Volllast wird in Teilen des Betriebskennfelds auch mit leichtem Kraftstoffüberschuss gefahren ($\lambda < 1$). Die Betriebsart „Homogen" ist bei einer hohen Drehmomentanforderung notwendig, da sie den gesamten Brennraum ausnutzt. Wegen des stöchiometrisch vorliegenden Luft-Kraftstoff-Gemischs ist in dieser Betriebsart auch die Rohemission von Schadstoffen niedrig, die zudem vom Drei-Wege-Katalysator vollständig konvertiert werden kann. Beim Homogenbetrieb entspricht die Verbrennung weitgehend der Verbrennung bei der Saugrohreinspritzung.

Schichtbetrieb

Beim Schichtbetrieb wird der Kraftstoff erst im Verdichtungstakt eingespritzt. Der Kraftstoff soll dabei nur mit einem Teil der Luft aufbereitet werden. Es entsteht eine Schichtwolke, die idealerweise von reiner Frischluft umgeben ist. Das Einspritzende ist im Schichtbetrieb sehr wichtig. Die Schicht-

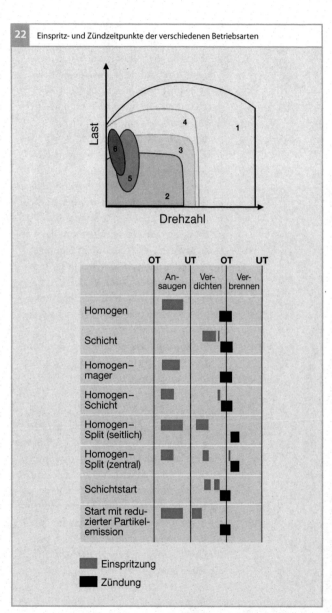

22 Einspritz- und Zündzeitpunkte der verschiedenen Betriebsarten

Bild 22
1 Homogen
2 Schichtbetrieb
3 Homogen-Mager
4 Homogen-Schicht
5 Homogen-Split (zum Katalysator-Heizen)
6 Schichtstart und Start mit reduzierter Partikelemission

wolke muss zum Zündzeitpunkt nicht nur ausreichend homogenisiert, sondern auch an der Zündkerze positioniert sein. Da im Schichtbetrieb nur lokal ein stöchiometrisches Gemisch vorliegt, ist das Gemisch durch die umhüllende Frischluft im Mittel mager. Hierbei ist eine aufwendigere Abgasnachbehandlung notwendig, da der Dreiwegekatalysator im Magerbetrieb keine NO_x-Emissionen reduzieren kann.

Der Schichtbetrieb kann nur in vorgegebenen Grenzen betrieben werden, da sich zu höheren Lasten die Ruß- oder die NO_x-Emissionen deutlich erhöhen und der Verbrauchsvorteil gegenüber dem Homogenbetrieb schwindet. Bei kleineren Lasten ist der Schichtbetrieb durch niedrige Abgasenthalpien begrenzt, weil die Abgastemperaturen so gering werden, dass der Katalysator allein durch das Abgas nicht auf Betriebstemperatur gehalten werden kann. Der Drehzahlbereich ist beim Schichtbetrieb bis ungefähr $n = 3500$ min^{-1} begrenzt, da oberhalb dieser Schwelle die zur Verfügung stehende Zeit nicht mehr ausreicht, um die Schichtwolke zu homogenisieren.

Die Schichtwolke magert in der Randzone zur umgebenden Luft ab. Bei der Verbrennung entstehen daher in dieser Zone erhöhte NO_x-Rohemissionen. Abhilfe schafft bei dieser Betriebsart eine hohe Abgasrückführrate. Die rückgeführten Abgase reduzieren die Verbrennungstemperatur und senken dadurch die temperaturabhängigen NO_x-Emissionen.

Homogen-Mager
In einem Übergangsbereich zwischen Schicht- und Homogenbetrieb kann der Motor mit Schichtbrennverfahren mit homogenem mageren Gemisch betrieben werden ($\lambda > 1$). Im Homogen-Mager-Betrieb ist der Kraftstoffverbrauch gegenüber dem Homogenbetrieb mit $\lambda = 1$ geringer, da die La-

dungswechselverluste durch die Entdrosselung geringer werden. Zu beachten sind aber die erhöhten NO_x-Emissionen, da der Dreiwegekatalysator in diesem Bereich diese Emissionen nicht reduzieren kann. Zusätzliche NO_x-Emissionen bedeuten wiederum Wirkungsgradverluste durch die Regenerierungsphasen eines hier notwendigen NO_x-Speicherkatalysators.

Homogen-Schicht
Im Homogen-Schicht-Betrieb ist der gesamte Brennraum mit einem homogen-mageren Grundgemisch gefüllt. Dieses Gemisch entsteht durch Einspritzung einer Grundmenge an Kraftstoff in den Ansaugtakt. Eine zweite Einspritzung erfolgt im Kompressionstakt. Dadurch entsteht eine fettere Zone im Bereich der Zündkerze. Diese Schichtladung ist leichter entflammbar und kann mit der Flamme – ähnlich einer Fackelzündung – das homogen-magere Gemisch im übrigen Brennraum sicher entzünden.

Der Aufteilungsfaktor zwischen den beiden Einspritzungen beträgt ungefähr 75 %. Das bedeutet, 75 % des Kraftstoffs werden bei der ersten Einspritzung, die für das homogene Grundgemisch sorgt, eingespritzt. Ein stationärer Homogen-Schicht-Betrieb bei niedrigen Drehzahlen im Übergangsbereich zwischen Schicht- und Homogenbetrieb reduziert die Rußemission gegenüber dem Schichtbetrieb und verringert den Kraftstoffverbrauch gegenüber dem Homogenbetrieb.

Homogen-Split
Der Homogen-Split-Modus ist eine spezielle Anwendung der Homogen-Schicht-Doppeleinspritzung. Er wird bei allen Motoren mit Benzindirekteinspritzung zum raschen Aufheizen des Katalysators nach dem Kaltstart eingesetzt. Durch die stabilisierend wirkende zweite Einspritzung im frühen Kompressi-

onstakt bei seitlicher Einbaulage oder direkt vor der Zündung bei zentraler Einbaulage kann die Zündung extrem spät (bei einem Kurbelwinkel von 15 … 30 ° nach ZOT) erfolgen. Ein großer Anteil der Verbrennungsenergie wird dann nicht mehr in eine Drehmomentensteigerung eingehen, sondern erhöht die Abgasenthalpie. Durch diesen hohen Abgaswärmestrom ist der Katalysator schon wenige Sekunden nach dem Start einsatzbereit.

Schichtstart
Beim Schichtstart wird die Starteinspritzmenge im Kompressionshub und unter erhöhtem Kraftstoffdruck eingespritzt, anstatt konventionell im Ansaughub bei Vordruck eingespritzt zu werden. Der Vorteil dieser Einspritzstrategie beruht darauf, dass in bereits komprimierte und damit erwärmte Luft eingespritzt wird. Dadurch verdunstet prozentual mehr Kraftstoff als bei kalten Umgebungsbedingungen, bei denen sonst ein deutlich größerer Anteil des eingespritzten Kraftstoffs als flüssiger Wandfilm im Brennraum verbleibt und nicht an der Verbrennung teilnimmt. Die einzuspritzende Kraftstoffmenge kann daher beim Schicht-Start deutlich verringert werden. Dies führt zu stark reduzierten HC-Emissionen beim Start. Da zum Startzeitpunkt der Katalysator noch nicht wirken kann, ist dies eine wichtige Betriebsart für die Entwicklung von Niedrigemissionskonzepten. Zusätzlich bewirkt diese Schichteinspritzung eine deutlich stabilere Startverbrennung, was wiederum die Startrobustheit erhöht. Um eine Aufbereitung in der kurzen, zur Verfügung stehenden Zeit zu ermöglichen, wird der Schichtstart mit einem Kraftstoffdruck von ca. 50 bar durchgeführt. Dieser Druck kann von der Hochdruckpumpe bereits durch die Umdrehungen des Starters zur Verfügung gestellt werden.

Start mit reduzierter Partikelemission
Aufgrund der erhöhten Anforderungen der EU6-Emissionsgesetze zur Senkung der Partikelemission werden heute im Start Einspritzstrategien mit reduzierter Partikelemission verwendet. So wird meist eine Mehrfacheinspritzung mit einer Ersteinspritzung in der Saugphase angewandt. Ein zweiter Anteil wird in die frühe Kompressionsphase eingespritzt, wodurch sehr inhomogene Schichtwolken vermieden werden. Partikel werden nur in lokalen Gemischbereichen erzeugt, in denen eine Luftzahl $\lambda < 0{,}5$ besteht.

Gemischbildung, Zündung und Entflammung
Aufgabe der Gemischbildung ist die Bereitstellung eines möglichst homogenen, brennfähigen Luft-Kraftstoff-Gemischs zum Zeitpunkt der Zündung.

Anforderungen
In der Betriebsart Homogen (Homogen mit $\lambda \leq 1$ und auch Homogen-Mager mit $\lambda > 1$) soll das Gemisch im gesamten Brennraum homogen sein. Im Schichtbetrieb hingegen ist das Gemisch nur innerhalb eines räumlich begrenzten Bereichs teilweise homogen, während sich im restlichen Brennraum Frischluft oder Inertgas befindet. Homogen kann eine Gas-Mischung oder eine Gas-Kraftstoffdampf-Mischung nur dann sein, wenn der gesamte Kraftstoff verdunstet ist. Einfluss auf die Verdunstung haben viele Faktoren, vor allem
- die Temperatur im Brennraum,
- die Brennraumströmung,
- die Tropfengröße des Kraftstoffs,
- die Zeit, die zur Verdunstung zur Verfügung steht.

Einflussgrößen
Brennfähig ist ein Gemisch mit Ottokraftstoff mit λ im Bereich von 0,6 bis 1,6; abhängig von Temperatur, Druck und Brennraumgeometrie des Motors.

Temperatureinfluss
Die Temperatur beeinflusst maßgeblich die Verdunstung des Kraftstoffs. Bei tieferen Temperaturen verdunstet er nicht vollständig. Deshalb muss unter diesen Bedingungen mehr Kraftstoff eingespritzt werden, um ein brennfähiges Gemisch zu erhalten.

Druckeinfluss
Die Tropfengröße des eingespritzten Kraftstoffs ist abhängig vom Einspritzdruck und vom Druck im Brennraum. Mit steigendem Einspritzdruck können kleinere Tropfengrößen erzielt werden, die schneller verdunsten.

Geometrieeinfluss
Bei gleichem Brennraumdruck und steigendem Einspritzdruck erhöht sich die Eindringtiefe, d. h. die Weglänge, die der einzelne Tropfen zurücklegt, bis er vollständig verdunstet ist. Ist dieser zurückgelegte Weg länger als der Abstand vom Einspritzventil zur Brennraumwand, wird die Zylinderwand oder der Kolben benetzt. Verdunstet der so entstehende Wandfilm nicht rechtzeitig bis zur Zündung, nimmt er nicht oder nur unvollständig an der Verbrennung teil und erzeugt HC- und Partikelemissionen. Wandfilme sind bei homogenen Brennverfahren die Hauptquelle der Partikelemissionen. Die Geometrie des Motors (bezüglich Einlasskanal und Brennraum) ist auch verantwortlich für die Luftströmung und die Turbulenz im Brennraum, die wesentliche Faktoren für den Einfluss auf die Brenngeschwindigkeit sind.

Gemischbildung und Verbrennung
im Homogenbetrieb
Um eine lange Zeit für die Gemischbildung zu erhalten, sollte der Kraftstoff frühzeitig eingespritzt werden. Deshalb wird im Homogenbetrieb bereits im Ansaugtakt eingespritzt und mithilfe der einströmenden Luft eine schnelle Verdunstung des Kraftstoffs und eine gute Homogenisierung des Gemischs erreicht (Bild 23a). Die Aufbereitung wird vor allem durch hohe Strömungsgeschwindigkeiten und deren aerodynamische Kräfte im Bereich des öffnenden und schließenden Einlassventils unterstützt. Bei aufgeladenen Motoren wird eine starke Tumbleströmung verwendet, die zum einen das fein aufbereitete Kraftstoffspray von der Wand fernhält, und zum anderen durch die starke Durchmischung des Kraftstoffgemisches die Verdunstung und Homogenisierung fördert. Zusätzlich erzeugt zum Zeitpunkt der Entflammung der Zerfall der Tumbleströmung in Turbulenz einen raschen Durchbrand. Die Zündungs- und Entflammungsbedingungen homogener Gemische bei der Benzin-Direkteinspritzung entsprechen weitgehend denen bei der Saugrohreinspritzung.

Gemischbildung und Verbrennung im Schichtbetrieb
Für den Schichtbetrieb ist die Ausbildung der brennfähigen Gemischwolke, die sich zum Zündzeitpunkt im Bereich der Zündkerze befindet, entscheidend. Dazu wird beim strahlgeführten Brennverfahren der Kraftstoff während der Verdichtungsphase so eingespritzt, dass eine kompakte Gemischwolke entsteht (Bild 23b). Diese wird durch den Sprayimpuls zur Zündkerze getragen. Der Einspritzzeitpunkt ist von der Drehzahl und vom geforderten Drehmoment abhängig. Bei höheren Lasten im Schichtbetrieb wird auch eine Mehrfacheinspritzung zur Homogenisierung der Ge-

mischwolke eingesetzt. Die dadurch in die Gemischwolke zusätzlich eingetragene Luft ermöglicht auch eine Anpassung der Luftzahl im Gemisch auf stöchiometrische Verhältnisse.

Für eine robuste Entflammung ist das exakte Zusammenspiel zwischen Einspritzende und Zündung wichtig. Während der Einspritzung des Gemischs ist die Strömungsgeschwindigkeit der an der Zündkerze vorbeifliegenden Gemischwolke, aber auch die Kühlung des verdunstenden Kraftstoffes zu hoch für eine Entflammung (Bild 24a). Erst zum Abschluss der Einspritzung bestehen für eine sehr kurze Zeit ideale Bedingungen. In der danach folgenden Schleppe aus Brennraumluft magert das Gemisch rasch ab. In diese Schicht am Ende der Einspritzung wird der Zündfunke eingesaugt und bildet einen Flammkern aus. Dieser folgt der sich ausbreitenden Gemischwolke und brennt sie rasch ab. Damit ist der Zeitpunkt des Verbrennungsbeginns, und somit auch die Schwerpunktlage der Verbrennung, fest an das Spritzende gebunden. Der ausgebildete Zündfunke steht dagegen wesentlich länger zur Verfügung. Dieser Mechanismus der Entflammung unterscheidet sich deutlich von dem der homogenen Verbrennung, und muss auch im Motormanagement bei der Regelung der Einspritzparameter berücksichtigt werden.

Entscheidend für eine sichere Zündung und Entflammung sind unter anderem:
- die Qualität der Gemischaufbereitung,
- eine genaue Mengendosierung auch bei kleinen Einspritzmengen (Mehrfacheinspritzung),
- eine möglichst große Zündfunkenbrenndauer,
- die richtige Zuordnung von Funkenort und Kraftstoffspray,
- eine relativ genaue Einhaltung des Abstandes vom Spray zum Zündort,

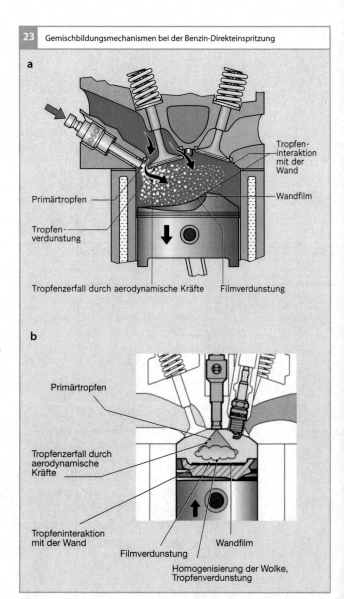

23 Gemischbildungsmechanismen bei der Benzin-Direkteinspritzung

a

Tropfeninteraktion mit der Wand

Wandfilm

Primärtropfen

Tropfenverdunstung

Tropfenzerfall durch aerodynamische Kräfte   Filmverdunstung

b

Primärtropfen

Tropfenzerfall durch aerodynamische Kräfte

Tropfeninteraktion mit der Wand

Filmverdunstung

Wandfilm

Homogenisierung der Wolke, Tropfenverdunstung

Bild 23
a Homogenbetrieb
b Schichtbetrieb

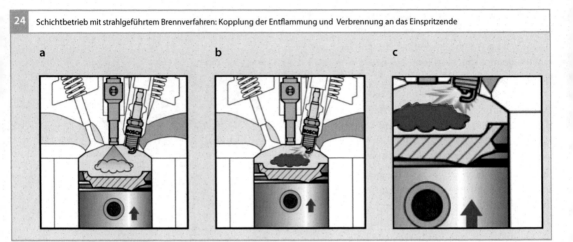

24 Schichtbetrieb mit strahlgeführtem Brennverfahren: Kopplung der Entflammung und Verbrennung an das Einspritzende

a   b   c

Bild 24
a Einspritzung
b Einspritzende
c vergrößerter Aus-
   schnitt aus b

● Unveränderlichkeit des Sprays gegenüber dem Brennraumdruck,
● konstante Sprayform über die gesamte Lebensdauer des Motors.

Hochdruck-Einspritzventil
Aufgabe
Aufgabe des Hochdruck-Einspritzventils (HDEV) ist es einerseits, den Kraftstoff zu dosieren und andererseits durch dessen Zerstäubung eine gezielte Durchmischung von Kraftstoff und Luft in einem bestimmten räumlichen Bereich des Brennraums zu erzielen. Abhängig vom gewünschten Betriebszustand wird der Kraftstoff im Bereich um die Zündkerze konzentriert (geschichtet) oder gleichmäßig im gesamten Brennraum zerstäubt (homogen verteilt).

Anforderungen
Spray
Für einen robusten und sauberen Verbrennungsprozess ist ein stabiles Spray erforderlich. Sprayeigenschaften, wie z. B. Spraywinkel, Sprayneigung oder Eindringtiefe sind hierbei die wesentlichen Kriterien (**Bild 25**). Um die Interaktion des Sprays mit der Brennraumwand oder dem Kolbenboden zu

minimieren, wird die Eindringtiefe des Sprays motorspezifisch angepasst. Durch Anpassung von Kraftstoffdruck, Spritzlochanordnung und -design wird ein Optimum zwischen Zerstäubung und Eindringtiefe erzielt. Eine zusätzliche Möglichkeit zur Anpassung der Sprayausbreitung ergibt sich, indem die erforderliche Kraftstoffmenge auf mehrere Einspritzvorgänge aufgeteilt wird.

Dynamik
Neben dem Spray ist vor allem die Schaltdynamik des Hochdruck-Einspritzventiles von großer Bedeutung. Wesentlicher Unterschied der Benzin-Direkteinspritzung im Vergleich zur Saugrohreinspritzung ist ein höherer Kraftstoffdruck und eine deutlich kürzere Zeit für die Einspritzung des Kraftstoffs direkt in den Brennraum (**Bild 26**). Bei der Saugrohreinspritzung kann über den Zeitraum von zwei Kurbelwellenumdrehungen der Kraftstoff in das Saugrohr eingespritzt werden. Das entspricht bei einer Drehzahl von 6 000 min^{-1} einer Einspritzdauer von 20 ms. Für den Homogenbetrieb bei der Direkteinspritzung muss der Kraftstoff im Ansaugtakt eingespritzt werden. Somit steht nur eine halbe Kurbelwellenumdre-

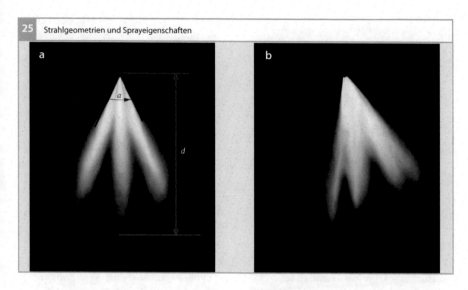

25 Strahlgeometrien und Sprayeigenschaften

a

b

Bild 25
a zur Erläuterung von
  Spraywinkel *a* und
  Eindringtiefe *d*
b geneigtes Spray

hung für den Einspritzvorgang zur Verfügung. Bei 6 000 min⁻¹ entspricht das einer Einspritzdauer von 5 ms. Bei der Benzin-Direkteinspritzung ist der Kraftstoffbedarf im Leerlauf (im Verhältnis zur Volllast) sehr viel geringer als bei der Saugrohreinspritzung (Faktor 1:12). Im Falle der Mehrfacheinspritzung wird die Einspritzzeit pro Teileinspritzung nochmals reduziert, was zu einer weiteren Anforderung an die Dynamik führt.

Einbau
Aus dem Brennverfahren und aus den räumlichen Gegebenheiten ergeben sich weitere, im Wesentlichen geometrische Anforderungen an das Hochdruck-Einspritzventil. Im Falle des seitlichen Einbaus (Bild 27) ist eine möglichst kleine Bauhöhe und ein schlankes Design erforderlich. Um die elektrische und hydraulische Kontaktierung realisieren zu können, wird für den zentralen Einbau (Bild 28) das Hochdruck-Einspritzventil entsprechend verlängert.

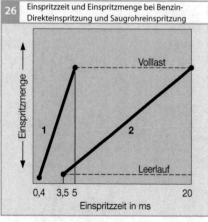

26 Einspritzzeit und Einspritzmenge bei Benzin-Direkteinspritzung und Saugrohreinspritzung

Volllast

Einspritzmenge →

1

2

Leerlauf

0,4 3,5 5   20
Einspritzzeit in ms

Bild 26
1 Direkteinspritzung
2 Saugrohr-
  einspritzung

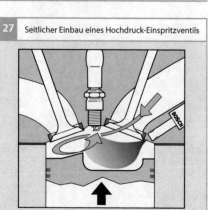

27 Seitlicher Einbau eines Hochdruck-Einspritzventils

28	Zentraler Einbau eines Hochdruck-Einspritzventils

Magnetinjektoren
Aufbau und Arbeitsweise
Das Hochdruck-Einspritzventil (**Bilder 29** und 30) besteht aus den Komponenten:
- Zulauf mit Filter (1),
- elektrischer Anschluss (2),
- Feder (3),
- Spule (4),
- Ventilhülse (5),
- Düsennadel mit Magnetanker (6),
- Ventilsitz (7).

Bild 30 zeigt den Aufbau im Falle einer zentralen Einbaulage.

Bei stromdurchflossener Spule wird ein Magnetfeld erzeugt. Dadurch hebt die Ventilnadel gegen die Federkraft vom Ventilsitz ab und gibt die Ventilauslassbohrungen (8) frei. Aufgrund des Systemdrucks wird nun der Kraftstoff in den Brennraum gedrückt. Die eingespritzte Kraftstoffmenge ist dabei im Wesentlichen von der Öffnungsdauer des Ventils und dem Kraftstoffdruck abhängig. Bei Abschalten des Stroms wird die Ventilnadel aufgrund der Federkraft in den Ventilsitz gepresst und unterbricht den Kraftstofffluss. Durch eine geeignete Düsengeometrie an der Ventilspitze wird eine sehr gute Zerstäubung des Kraftstoffs erreicht.

29	Aufbau eines Hochdruck-Einspritzventils

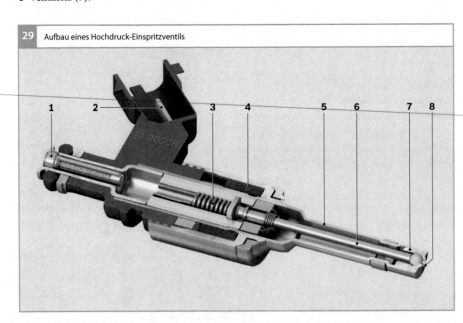

Bild 29
1 Kraftstoffzulauf mit Filter
2 elektrischer Anschluss
3 Feder
4 Spule
5 Ventilhülse
6 Düsennadel mit Magnetanker
7 Ventilsitz
8 Ventilauslassbohrungen

30 Aufbau eines Hochdruck-Einspritzventils für die zentrale Einbaulage

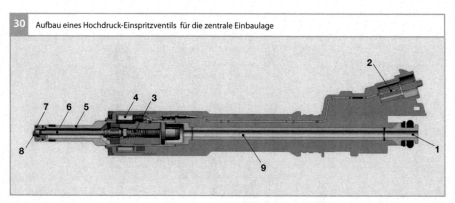

Bild 30
1 Kraftstoffzulauf mit
   Filter
2 elektrischer
   Anschluss
3 Feder
4 Spule
5 Ventilhülse
6 Düsennadel mit
   Magnetanker
7 Ventilsitz
8 Ventilauslass-
   bohrungen
9 Rohr

Ansteuerung des Einspritzventils

Um einen definierten und reproduzierbaren Einspritzvorgang zu gewährleisten, muss das Hochdruck-Einspritzventil mit einem komplexen Stromverlauf angesteuert werden (Bild 31). Der Mikrocontroller im Motorsteuergerät liefert ein digitales Ansteuersignal (a). Aus diesem Signal erzeugt ein Endstufenbaustein (ASIC) das Ansteuersignal (b) für das Einspritzventil. Ein DC/DC-Wandler im Motorsteuergerät erzeugt die Boosterspannung von 65 V. Sie wird benötigt, um den Strom in der Boosterphase möglichst rasch auf einen hohen Stromwert zu bringen. Das ist erforderlich, um die Einspritzventilnadel möglichst schnell zu beschleunigen. In der Anzugsphase (t_{an}) erreicht die Ventilnadel anschließend den maximalen Öffnungshub (c). Bei geöffnetem Einspritzventil reicht ein geringer Ansteuerstrom I_H (Haltestrom) aus, um das Ventil offen zu halten. Bei konstantem Ventilnadelhub ergibt sich eine zur Einspritzdauer proportionale Einspritzmenge (d).

31

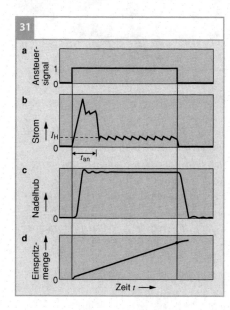

Bild 31
a Ansteuersignal
b Stromverlauf
c Nadelhub
d eingespritzte Kraft-
   stoffmenge

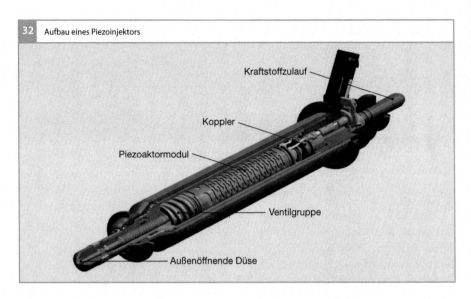

32 Aufbau eines Piezoinjektors

Kraftstoffzulauf

Koppler

Piezoaktormodul

Ventilgruppe

Außenöffnende Düse

Piezoinjektoren
Piezoinjektoren zeichnen sich durch extrem
kurze Schaltzeiten und durch einen variabel
einstellbaren Nadelhub aus. Damit lassen
sich eine exakte Kraftstoffdosierung, insbesondere auch von kleinsten Mengen, sowie
eine besonders gute Strahlzerstäubung realisieren. Haupteinsatzgebiet eines solchen
Ventils ist der magerbetriebene Ottomotor.

Aufbau
Das Piezo-Einspritzventil (**Bild 32**) besteht
aus drei Funktionsgruppen:
● Ventilgruppe,
● Piezo-Aktormodul,
● hydraulisches Kompensationselement.
Die Ventilgruppe besteht im Wesentlichen
aus der mit einer Feder vorgespannte Ventilnadel und dem Ventilkörper. Die Nadel wird
direkt über Betätigung des Piezo-Stacks bewegt. Der Öffnungs- und Schließvorgang
erfolgt verzögerungsfrei. Die Nadel öffnet
nach außen und gibt einen ringförmigen
Spalt frei. Durch diesen tritt der Kraftstoff
als dünner Film mit hoher Geschwindigkeit
aus.

Das Piezo-Aktormodul ist das Stellele-
ment. Der Piezostack besteht aus vielen pie-
zokeramischen und elektrisch kontaktierten
Schichten und ist durch eine umgebende Feder auf Druck vorgespannt. Weder im ausge-
lenkten noch im Ruhezustand darf der Aktor
Zugspannungen erfahren.

Das Kompensationselement, auch Koppler
genannt, ist als geschlossener hydraulischer
Kompensator ausgeführt. Er sorgt für einen
Längenausgleich zwischen Ventilgehäuse
und Piezostack, der sich durch Temperatureinfluss bei unterschiedlichen Ausdeh-
nungen einstellt. Damit ist unter allen Betriebsbedingungen, selbst in extremen
Temperaturbereichen, ein konstanter Nadelhub und damit eine konstante Einspritzmenge sichergestellt. Selbst bei längeren
Einspritzzeiten hat der Koppler eine ausreichende Steifigkeit, um keinen Hubverlust zu
verursachen.

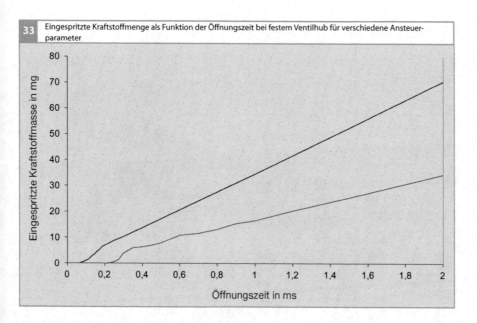

33 Eingespritzte Kraftstoffmenge als Funktion der Öffnungszeit bei festem Ventilhub für verschiedene Ansteuer-
        parameter

Funktion und Ansteuerung

Zur Betätigung des Piezoinjektors wird der
Stack definiert elektrisch geladen. Damit öff-
net das Ventil mit einer rampenförmigen
Hubkurve und mit einer Schaltzeit kleiner
als 0,2 ms. Umgekehrt erfolgt das Schließen
des Ventils durch Entladung des Stacks. Die
Schaltzeiten sind variabel. Durch die direkte
Betätigung der Ventilnadel sind eine hohe
Genauigkeit und Reproduzierbarkeit des
Hubes von Zyklus zu Zyklus möglich, und
damit eine exakte Dosierung der Einspritzmenge (**Bild 33**). Es lassen sich sowohl Einspritzstrategien im Teilhub- als auch im
Vollhubbetrieb darstellen; auch als Kombination mit bis zu fünf Mehrfacheinspritzun-
gen pro Arbeitstakt.

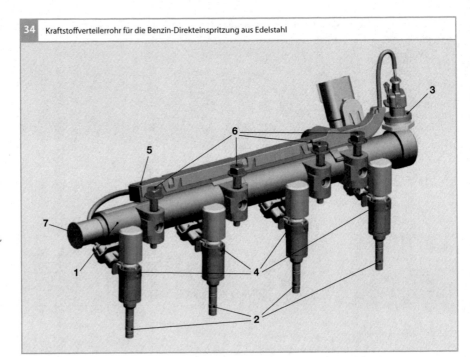

34   Kraftstoffverteilerrohr für die Benzin-Direkteinspritzung aus Edelstahl

Bild 34
Systemdruck 30 MPa,
Berstdruck über 90 MPa,
Speichervolumen
50...140 cm³
1 Kraftstoffverteiler-
   rohr
2 Einspritzventil
3 Drucksensor
4 Befestigung
5 Kabelbaum
6 Schraube
7 Schutzkappe

Kraftstoffverteilerrohr

Das Kraftstoffverteilerrohr (Bild 34), auch
als Rail bezeichnet, hat die Aufgabe, die für
den jeweiligen Betriebspunkt erforderliche
Kraftstoffmenge zu speichern und zu verteilen. Die Speicherung hängt von dem Volumen und der Kompressibilität des Kraftstoffs
ab und muss für den jeweiligen Motorbedarf
und Druckbereich angepasst werden. Das
Volumen des Kraftstoffverteilerrohrs sorgt
außerdem für eine Dämpfung im Hochdruckbereich, d. h., Druckschwankungen im
Hochdruckbereich werden ausgeglichen.
Am Rail sind die Anbaukomponenten für
das Einspritzsystem montiert: die Hoch-
druckeinspritzventile (HDEV) und der
Drucksensor zur Regelung des Hochdruckes.

Hochdruckpumpen für die Benzin-Direkteinspritzung

Aufgabe und Anforderungen
Die Hochdruckpumpe (HDP) hat die Aufgabe, den von der Elektrokraftstoffpumpe
(EKP) mit einem Vordruck von 0,3...0,5 MPa
gelieferten Kraftstoff auf das für die Hochdruckeinspritzung erforderliche Niveau von
5...20 MPa zu verdichten. Aktuelle Ausführungen sind grundsätzlich bedarfsgesteuerte
Pumpen.

Aufbau und Arbeitsweise
Bild 35 zeigt eine in Öl laufende nockenge-
triebene Einzylinderpumpe mit integriertem
niederdruckseitigen Mengensteuerventil
(Zumesseinheit), hochdruckseitiger Druck-
begrenzung und integriertem Druckdämpfer. Sie ist als Steckpumpe am Zylinderkopf
befestigt. Der Antriebsnocken der Hochdruckpumpe sitzt auf der Motornockenwelle

35 Bedarfsgeregelte Einzylinder-Hochdruckpumpe für Benzin-Direkteinspritzung

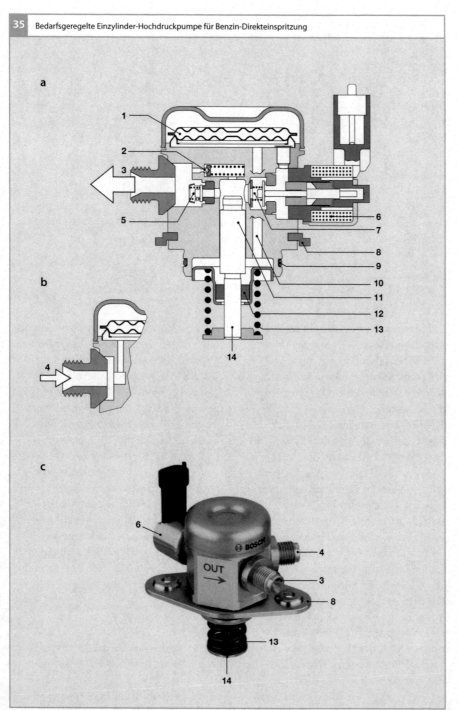

Bild 35
a Ansicht mit Hoch-
   druckanschluss
b Detailansicht mit
   Niederdruckan-
   schluss (auf gleicher
   Ebene winkelver-
   setzt zum Hoch-
   druckanschluss
c Außenansicht

1 variabler Druck-
   dämpfer
2 Druckbegrenzungs-
   ventil
3 Hochdruckanschluss
4 Niederdruck-
   anschluss
5 Auslassventil
6 Spule
7 Mengensteuerventil
8 Befestigungsflansch
9 Dichtring
10 Kanal zum Förder-
   kolben (Funktion der
   Druckdämpfung)
11 Förderkolben
12 Kolbendichtung
13 Kolbenfeder
14 mechanischer
   Antrieb

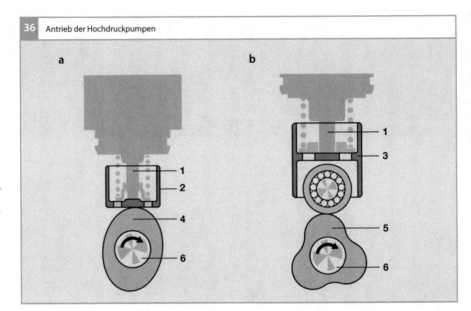

36   Antrieb der Hochdruckpumpen

a

b

und bestimmt über die Anzahl der Nocken-
erhebungen die Fördermenge der Pumpe.

Zur Übertragung der Hubkurve des Nockens auf den Förderkolben der Hochdruckpumpe werden bei einem Zweifach-Nocken
ein Tassenstößel und beim Drei- und Vierfach-Nocken ein Rollenstößel (**Bild 36**) eingesetzt. Bei der Drehung der Nockenwelle
fährt der Stößel die Kontur des Nockens ab,
woraus sich die Hubbewegung des Förder-
kolbens ergibt. Im Förderhub nimmt der
Stößel die anstehenden Kräfte wie Druck-,
Massen-, Feder- und Kontaktkraft auf.

Mit dem Vierfach-Nocken ist eine zeitliche Synchronisierung von Förderung und
Einsprizung beim 4-Zylinder-Motor möglich, d. h., bei jeder Einsprizung gibt es auch
eine Förderung. Damit wird zum einen die
Anregung des Hochdruckkreises reduziert,
zum anderen kann das Railvolumen reduziert werden. Um sicherzustellen, dass bei
maximalem Kraftstoffbedarf des Motors der
Systemdruck noch ausreichend schnell variiert werden kann, wird die maximale Fördermenge auf den Maximalbedarf ausgelegt.

Faktoren, die das Förderverhalten beeinflussen (z. B. Heißbenzin, Alterung der Pumpe,
Dynamik), werden dabei berücksichtigt.

Der Liefergrad der Hochdruckpumpe ergibt sich aus dem Verhältnis von tatsächlich
gelieferter Kraftstoffmenge zu theoretisch
möglicher Menge. Diese ist vom Kolben-
durchmesser und vom Hub abhängig. Der
Liefergrad ist über der Drehzahl nicht konstant und hängt im unteren Drehzahlbereich
von Kolben- und anderen Leckagen sowie
im oberen Drehzahlbereich von Trägheit
und Öffnungsdruck des Ein- und Auslassventils ab. Im gesamten Drehzahlbereich
wirkt sich das Totvolumen des Förderraums
und die Temperaturabhängigkeit der Kraft-
stoffkompressibilität aus.

Niederdruckdämpfer

Mit dem variablen Druckdämpfer (**Bild 35**,
Pos. 1) werden die durch die Hochdruckpumpe im Niederdruckkreis angeregten
Druckpulsationen gedämpft und auch bei
hohen Drehzahlen eine gute Füllung garantiert. Der Druckdämpfer nimmt über die

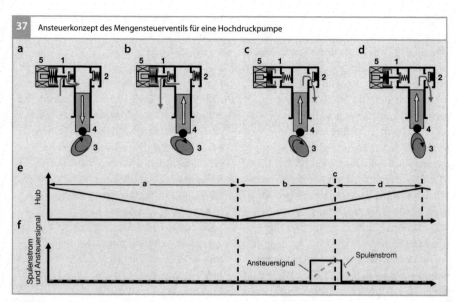

37 Ansteuerkonzept des Mengensteuerventils für eine Hochdruckpumpe

Bild 37

a–d vereinfachter Querschnitt der Hochdruckpumpe zu
verschiedenen Zeitpunkten

a Saughub, Mengensteuerventil geöffnet, Auslassventil
geschlossen

b Förderhub, Mengensteuerventil geöffnet, Auslassventil geschlossen

c Förderhub, Schließzeitpunkt des elektrisch angesteuerten Mengensteuerventils, Öffnungszeitpunkt des
Auslassventils

d Förderhub, Mengensteuerventil bleibt auch nach
Stromabschaltung geschlossen, Auslassventil geöffnet

e Hubverlauf
f Ansteuersignal und Spulenstrom des Mengensteuerventils

1 Mengensteuerventil
2 Auslassventil
3 Antriebsnocken
4 Kolben, Pfeil gibt die Bewegungsrichtung an
5 Spule

Verformung seiner Membranen die im jeweiligen Betriebspunkt abgesteuerte Kraftstoffmenge auf und gibt sie im Saughub zur
Füllung des Förderraums wieder frei. Dabei
ist ein Betrieb mit variablem Vordruck –
d. h. der Einsatz von bedarfsgeregelten Nie-
derdrucksystemen – möglich.

Mengensteuerventil
Mit dem Mengensteuerventil (**Bild 35,**
Pos. 7) wird die Bedarfssteuerung der Hochdruckpumpe realisiert (**Bild 37**). Der von
der Elektrokraftstoffpumpe gelieferte Kraftstoff wird über das Einlassventil des offenen
Mengensteuerventils in den Förderraum gesaugt. Im anschließenden Förderhub bleibt

das Mengensteuerventil nach dem unteren
Totpunkt weiterhin offen, so dass der im jeweiligen Lastpunkt nicht benötigte Kraftstoff
unter Vordruck in den Niederdruckkreis
zurückgefördert wird. Nach Ansteuern des
Mengensteuerventils schließt das Einlassventil, der Kraftstoff wird vom Pumpenkol-
ben verdichtet und in den Hochdruckkreis
gefördert. Das Motormanagement berechnet
den Zeitpunkt, ab dem das Mengensteuerventil angesteuert wird in Abhängigkeit von
der Fördermenge und dem Raildruck. Der
Förderbeginn wird zur Bedarfssteuerung
variiert.

Elektronische Steuerung und Regelung

Übersicht

Die Aufgabe des elektronischen Motorsteuergeräts besteht darin, alle Aktoren des Motor-Managementsystems so anzusteuern, dass sich ein bestmöglicher Motorbetrieb bezüglich Kraftstoffverbrauch, Abgasemissionen, Leistung und Fahrkomfort ergibt. Um dies zu erreichen, müssen viele Betriebsparameter mit Sensoren erfasst und mit Algorithmen – das sind nach einem festgelegten Schema ablaufende Rechenvorgänge – verarbeitet werden. Als Ergebnis ergeben sich Signalverläufe, mit denen die Aktoren angesteuert werden.

Das Motor-Managementsystem umfasst sämtliche Komponenten, die den Ottomotor steuern (Bild 1, Beispiel Benzin-Direkteinspritzung). Das vom Fahrer geforderte Drehmoment wird über Aktoren und Wandler eingestellt. Im Wesentlichen sind dies

● die elektrisch ansteuerbare Drosselklappe zur Steuerung des Luftsystems: sie steuert den Luftmassenstrom in die Zylinder und damit die Zylinderfüllung,
● die Einspritzventile zur Steuerung des Kraftstoffsystems: sie messen die zur Zylinderfüllung passende Kraftstoffmenge zu,
● die Zündspulen und Zündkerzen zur Steuerung des Zündsystems: sie sorgen für die zeitgerechte Entzündung des im Zylinder vorhandenen Luft-Kraftstoff-Gemischs.

An einen modernen Motor werden auch hohe Anforderungen bezüglich Abgasverhalten, Leistung, Kraftstoffverbrauch, Diagnostizierbarkeit und Komfort gestellt. Hierzu sind im Motor gegebenenfalls weitere Aktoren und Sensoren integriert. Im elektronischen Motorsteuergerät werden alle Stellgrößen nach vorgegebenen Algorithmen berechnet. Daraus werden die Ansteuersignale für die Aktoren erzeugt.

Betriebsdatenerfassung und -verarbeitung

Betriebsdatenerfassung

Sensoren und Sollwertgeber

Das elektronische Motorsteuergerät erfasst über Sensoren und Sollwertgeber die für die Steuerung und Regelung des Motors erforderlichen Betriebsdaten (Bild 1). Sollwertgeber (z. B. Schalter) erfassen vom Fahrer vorgenommene Einstellungen, wie z. B. die Stellung des Zündschlüssels im Zündschloss (Klemme 15), die Schalterstellung der Klimasteuerung oder die Stellung des Bedienhebels für die Fahrgeschwindigkeitsregelung.

Sensoren erfassen physikalische und chemische Größen und geben damit Aufschluss über den aktuellen Betriebszustand des Motors. Beispiele für solche Sensoren sind:

● Drehzahlsensor für das Erkennen der Kurbelwellenstellung und die Berechnung der Motordrehzahl,
● Phasensensor zum Erkennen der Phasenlage (Arbeitsspiel des Motors) und der Nockenwellenposition bei Motoren mit Nockenwellen-Phasenstellern zur Verstellung der Nockenwellenposition,
● Motortemperatur- und Ansauglufttemperatursensor zum Berechnen von temperaturabhängigen Korrekturgrößen,
● Klopfsensor zum Erkennen von Motorklopfen,
● Luftmassenmesser und Saugrohrdrucksensor für die Füllungserfassung,
● λ-Sonde für die λ-Regelung.

Signalverarbeitung im Steuergerät

Bei den Signalen der Sensoren kann es sich um digitale, pulsförmige oder analoge Spannungen handeln. Eingangsschaltungen im Steuergerät oder zukünftig auch vermehrt im Sensor bereiten alle diese Signale auf. Sie nehmen eine Anpassung des Spannungspegels vor und passen damit die Signale für die Weiterverarbeitung im Mikrocontroller des

1   Komponenten für die elektronische Steuerung und Regelung eines Ottomotors

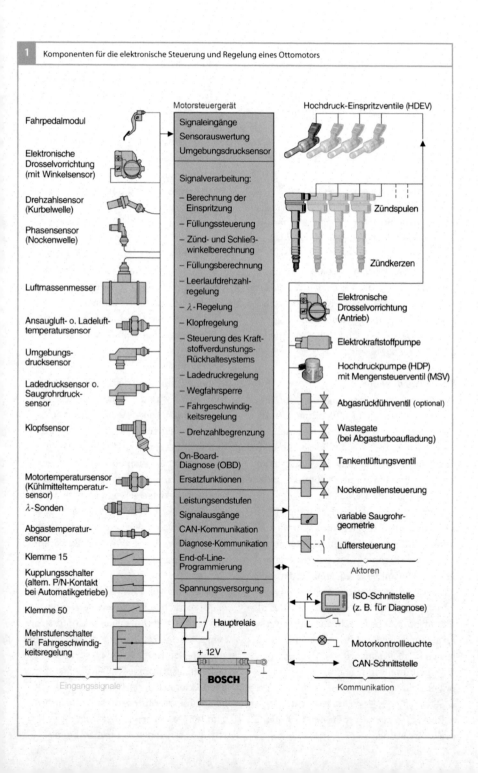

Steuergeräts an. Digitale Eingangssignale werden im Mikrocontroller direkt eingelesen und als digitale Information gespeichert. Die analogen Signale werden vom Analog-Digital-Wandler (ADW) in digitale Werte umgesetzt.

Betriebsdatenverarbeitung

Aus den Eingangssignalen erkennt das elektronische Motorsteuergerät die Anforderungen des Fahrers über den Fahrpedalsensor und über die Bedienschalter, die Anforderungen von Nebenaggregaten und den aktuellen Betriebszustand des Motors und berechnet daraus die Stellsignale für die Aktoren. Die Aufgaben des Motorsteuergeräts sind in Funktionen gegliedert. Die Algorithmen sind als Software im Programmspeicher des Steuergeräts abgelegt.

Steuergerätefunktionen
Die Zumessung der zur angesaugten Luftmasse zugehörenden Kraftstoffmasse und die Auslösung des Zündfunkens zum bestmöglichen Zeitpunkt sind die Grundfunktionen der Motorsteuerung. Die Einspritzung und die Zündung können so optimal aufeinander abgestimmt werden.

Die Leistungsfähigkeit der für die Motorsteuerung eingesetzten Mikrocontroller ermöglicht es, eine Vielzahl weiterer Steuerungs- und Regelungsfunktionen zu integrieren. Die immer strengeren Forderungen aus der Abgasgesetzgebung verlangen nach Funktionen, die das Abgasverhalten des Motors sowie die Abgasnachbehandlung verbessern. Funktionen, die hierzu einen Beitrag leisten können, sind z. B.:
- Leerlaufdrehzahlregelung,
- λ-Regelung,
- Steuerung des Kraftstoffverdunstungs-Rückhaltesystems für die Tankentlüftung,
- Klopfregelung,

- Abgasrückführung zur Senkung von NO_x-Emissionen,
- Steuerung des Sekundärluftsystems zur Sicherstellung der schnellen Betriebsbereitschaft des Katalysators.

Bei erhöhten Anforderungen an den Antriebsstrang kann das System zusätzlich noch durch folgende Funktionen ergänzt werden:
- Steuerung des Abgasturboladers sowie der Saugrohrumschaltung zur Steigerung der Motorleistung und des Motordrehmoments,
- Nockenwellensteuerung zur Reduzierung der Abgasemissionen und des Kraftstoffverbrauchs sowie zur Steigerung von Motorleistung und -drehmoment,
- Drehzahl- und Geschwindigkeitsbegrenzung zum Schutz von Motor und Fahrzeug.

Immer wichtiger bei der Entwicklung von Fahrzeugen wird der Komfort für den Fahrer. Das hat auch Auswirkungen auf die Motorsteuerung. Beispiele für typische Komfortfunktionen sind Fahrgeschwindigkeitsregelung (Tempomat) und ACC (Adaptive Cruise Control, adaptive Fahrgeschwindigkeitsregelung), Drehmomentanpassung bei Schaltvorgängen von Automatikgetrieben sowie Lastschlagdämpfung (Glättung des Fahrerwunschs), Einparkhilfe und Parkassistent.

Ansteuerung von Aktoren
Die Steuergerätefunktionen werden nach den im Programmspeicher des Motorsteuerung-Steuergeräts abgelegten Algorithmen abgearbeitet. Daraus ergeben sich Größen (z. B. einzuspritzende Kraftstoffmasse), die über Aktoren eingestellt werden (z. B. zeitlich definierte Ansteuerung der Einspritzventile). Das Steuergerät erzeugt die elektrischen Ansteuersignale für die Aktoren.

Drehmomentstruktur

Mit der Einführung der elektrisch ansteuerbaren Drosselklappe zur Leistungssteuerung wurde die drehmomentbasierte Systemstruktur (Drehmomentstruktur) eingeführt. Alle Leistungsanforderungen (Bild 2) an den Motor werden koordiniert und in einen Drehmomentwunsch umgerechnet. Im Drehmomentkoordinator werden diese Anforderungen von internen und externen Verbrauchern sowie weitere Vorgaben bezüglich des Motorwirkungsgrads priorisiert. Das resultierende Sollmoment wird auf die Anteile des Luft-, Kraftstoff- und Zündsystems aufgeteilt.

Der Füllungsanteil (für das Luftsystem) wird durch eine Querschnittsänderung der Drosselklappe und bei Turbomotoren zusätzlich durch die Ansteuerung des Wastegate-Ventils realisiert. Der Kraftstoffanteil wird im Wesentlichen durch den eingespritzten Kraftstoff unter Berücksichtigung der Tankentlüftung (Kraftstoffverdunstungs-Rückhaltesystem) bestimmt.

Die Einstellung des Drehmoments geschieht über zwei Pfade. Im Luftpfad (Hauptpfad) wird aus dem umzusetzenden Drehmoment eine Sollfüllung berechnet. Aus dieser Sollfüllung wird der Soll-Drosselklappenwinkel ermittelt. Die einzuspritzende Kraftstoffmasse ist aufgrund des fest vorgegebenen λ-Werts von der Füllung abhängig. Mit dem Luftpfad sind nur langsame Drehmomentänderungen einstellbar (z. B. beim Integralanteil der Leerlaufdrehzahlregelung).

Im kurbelwellensynchronen Pfad wird aus der aktuell vorhandenen Füllung das für diesen Betriebspunktpunkt maximal mögliche Drehmoment berechnet. Ist das gewünschte Drehmoment kleiner als das maximal mögliche, so kann für eine schnelle Drehmomentreduzierung (z. B. beim Differentialanteil der Leerlaufdrehzahlregelung, für die Drehmomentrücknahme beim Schaltvorgang oder zur Ruckeldämpfung) der Zündwinkel in Richtung spät verschoben oder einzelne oder mehrere Zylinder vollständig ausgeblendet werden (durch Einspritzausblendung, z. B. bei ESP-Eingriff oder im Schub).

Bei den früheren Motorsteuerungs-Systemen ohne Momentenstruktur wurde eine Zurücknahme des Drehmoments (z. B. auf Anforderung des automatischen Getriebes beim Schaltvorgang) direkt von der jeweiligen Funktion z. B. durch Spätverstellung des

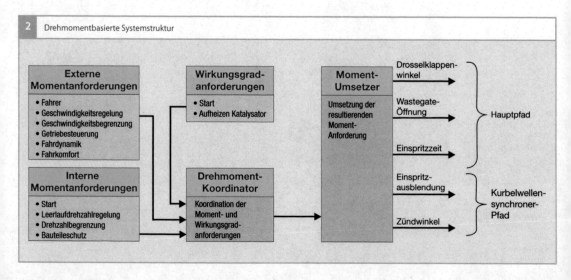

2 Drehmomentbasierte Systemstruktur

Zündwinkels vorgenommen. Eine Koordination der einzelnen Anforderungen und eine koordinierte Umsetzung war nicht gegeben.

Überwachungskonzept

Im Fahrbetrieb darf es unter keinen Umständen zu Zuständen kommen, die zu einer vom Fahrer ungewollten Beschleunigung des Fahrzeugs führen. An das Überwachungskonzept der elektronischen Motorsteuerung werden deshalb hohe Anforderungen gestellt. Hierzu enthält das Steuergerät neben dem Hauptrechner zusätzlich einen Überwachungsrechner; beide überwachen sich gegenseitig.

Diagnose

Die im Steuergerät integrierten Diagnosefunktionen überprüfen das Motorsteuerungs-System (Steuergerät mit Sensoren und Aktoren) auf Fehlverhalten und Störungen, speichern erkannte Fehler im Datenspeicher ab und leiten gegebenenfalls

Ersatzfunktionen ein. Über die Motorkontrollleuchte oder im Display des Kombiinstruments werden dem Fahrer die Fehler angezeigt. Über eine Diagnoseschnittstelle werden in der Kundendienstwerkstatt System-Testgeräte (z.B. Bosch KTS650) angeschlossen. Sie erlauben das Auslesen der im Steuergerät enthaltenen Informationen zu den abgespeicherten Fehlern.

Ursprünglich sollte die Diagnose nur die Fahrzeuginspektion in der Kundendienstwerkstatt erleichtern. Mit Einführung der kalifornischen Abgasgesetzgebung OBD (On-Board-Diagnose) wurden Diagnosefunktionen vorgeschrieben, die das gesamte Motorsystem auf abgasrelevante Fehler prüfen und diese über die Motorkontrollleuchte anzeigen. Beispiele hierfür sind die Katalysatordiagnose, die λ-Sonden-Diagnose sowie die Aussetzererkennung. Diese Forderungen wurden in die europäische Gesetzgebung (EOBD) in abgewandelter Form übernommen.

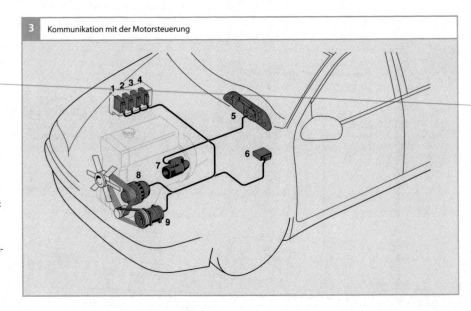

3   Kommunikation mit der Motorsteuerung

Bild 3
1 Motorsteuergerät
2 ESP-Steuergerät (elektronisches Stabilitätsprogramm)
3 Getriebesteuergerät
4 Klimasteuergerät
5 Kombiinstrument mit Bordcomputer
6 Steuergerät für Wegfahrsperre
7 Starter
8 Generator
9 Klimakompressor

Vernetzung im Fahrzeug

Über Bussysteme, wie z. B. den CAN-Bus (Controller Area Network), kann die Motorsteuerung mit den Steuergeräten anderer Fahrzeugsysteme kommunizieren. Bild 3 zeigt hierzu einige Beispiele. Die Steuergeräte können die Daten anderer Systeme in ihren Steuer- und Regelalgorithmen als Eingangssignale verarbeiten. Beispiele sind:

- ESP-Steuergerät: Zur Fahrzeugstabilisierung kann das ESP-Steuergerät eine Drehmomentenreduzierung durch die Motorsteuerung anfordern.
- Getriebesteuergerät: Die Getriebesteuerung kann beim Schaltvorgang eine Drehmomentenreduzierung anfordern, um einen weicheren Schaltvorgang zu ermöglichen.
- Klimasteuergerät: Das Klimasteuergerät liefert an die Motorsteuerung den Leistungsbedarf des Klimakompressors, damit dieser bei der Berechnung des Motormoments berücksichtigt werden kann.
- Kombiinstrument: Die Motorsteuerung liefert an das Kombiinstrument Informationen wie den aktuellen Kraftstoffverbrauch oder die aktuelle Motordrehzahl zur Information des Fahrers.
- Wegfahrsperre: Das Wegfahrsperren-Steuergerät hat die Aufgabe, eine unberechtigte Nutzung des Fahrzeugs zu verhindern. Hierzu wird ein Start der Motorsteuerung durch die Wegfahrsperre so lange blockiert, bis der Fahrer über den Zündschlüssel eine Freigabe erteilt hat und das Wegfahrsperren-Steuergerät den Start freigibt.

Systembeispiele

Die Motorsteuerung umfasst alle Komponenten, die für die Steuerung eines Ottomotors notwendig sind. Der Umfang des Systems wird durch die Anforderungen bezüglich der Motorleistung (z. B. Abgasturboaufladung), des Kraftstoffverbrauchs sowie der jeweils geltenden Abgasgesetzgebung bestimmt. Die kalifornische Abgas- und Diagnosegesetzgebung (CARB) stellt besonders hohe Anforderungen an das Diagnosesystem der Motorsteuerung. Einige abgasrelevante Systeme können nur mithilfe zusätzlicher Komponenten diagnostiziert werden (z. B. das Kraftstoffverdunstungs-Rückhaltesystem).

Im Lauf der Entwicklungsgeschichte entstanden Motorsteuerungs-Generationen (z. B. Bosch M1, M3, ME7, MED17), die sich in erster Linie durch den Hardwareaufbau unterscheiden. Wesentliches Unterscheidungsmerkmal sind die Mikrocontrollerfamilie, die Peripherie- und die Endstufenbausteine (Chipsatz). Aus den Anforderungen verschiedener Fahrzeughersteller ergeben sich verschiedene Hardwarevarianten. Neben den nachfolgend beschriebenen Ausführungen gibt es auch Motorsteuerungs-Systeme mit integrierter Getriebesteuerung (z. B. Bosch MG- und MEG-Motronic). Sie sind aufgrund der hohen Hardware-Anforderungen jedoch nicht verbreitet.

Motorsteuerung mit mechanischer Drosselklappe

Für Ottomotoren mit Saugrohreinspritzung kann die Luftversorgung über eine mechanisch verstellbare Drosselklappe erfolgen. Das Fahrpedal ist über ein Gestänge oder einen Seilzug mit der Drosselklappe verbunden. Die Fahrpedalstellung legt den Öffnungsquerschnitt der Drosselklappe fest und steuert damit den durch das Saugrohr in die Zylinder einströmenden Luftmassenstrom.

4   Komponenten für die elektronische Steuerung und Regelung eines Ottomotors mit Saugrohreinspritzung und elektrisch angesteuerter Drosselklappe

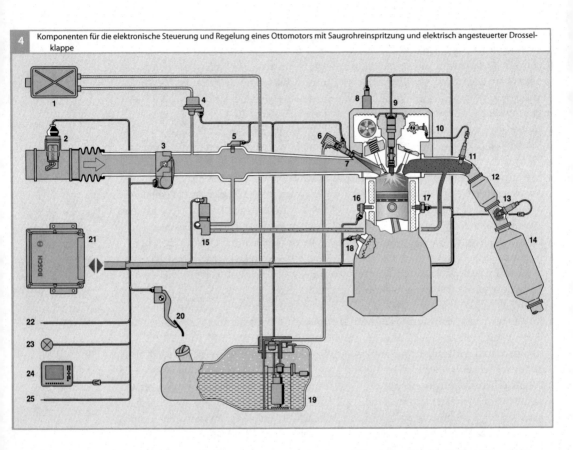

Bild 4

1 Aktivkohlebehälter
2 Heißfilm-Luftmassenmesser
3 elektrisch angesteuerte Drosselklappe
4 Tankentlüftungsventil
5 Saugrohrdrucksensor
6 Kraftstoff-Verteilerrohr
7 Einspritzventil
8 Aktoren und Sensoren für variable
   Nockenwellensteuerung
9 Zündspule mit Zündkerze
10 Nockenwellen-Phasensensor
11 λ-Sonde vor dem Vorkatalysator
12 Vorkatalysator
13 λ-Sonde nach dem Vorkatalysator

14 Hauptkatalysator
15 Abgasrückführventil
16 Klopfsensor
17 Motortemperatursensor
18 Drehzahlsensor
19 Kraftstofffördermodul mit
   Elektrokraftstoffpumpe
20 Fahrpedalmodul
21 Motorsteuergerät
22 CAN-Schnittstelle
23 Motorkontrollleuchte
24 Diagnoseschnittstelle
25 Schnittstelle zur Wegfahrsperre

Über einen Leerlaufsteller (Bypass) kann ein definierter Luftmassenstrom an der Drosselklappe vorbeigeführt werden. Mit dieser Zusatzluft kann im Leerlauf die Drehzahl auf einen konstanten Wert geregelt werden. Das Motorsteuergerät steuert hierzu den Öffnungsquerschnitt des Bypasskanals. Dieses System hat für Neuentwicklungen im europäischen und nordamerikanischen Markt keine Bedeutung mehr, es wurde durch Systeme mit elektrisch angesteuerter Drosselklappe abgelöst.

Motorsteuerung mit elektrisch angesteuerter Drosselklappe

Bei aktuellen Fahrzeugen mit Saugrohreinspritzung erfolgt eine elektronische Motorleistungssteuerung. Zwischen Fahrpedal und

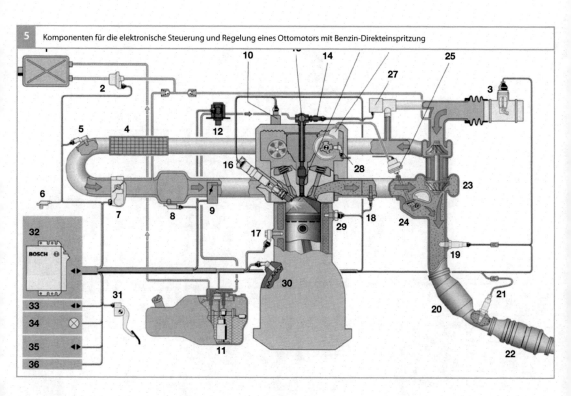

5 Komponenten für die elektronische Steuerung und Regelung eines Ottomotors mit Benzin-Direkteinspritzung

Drosselklappe ist keine mechanische Verbindung mehr vorhanden. Die Stellung des Fahrpedals, d. h. der Fahrerwunsch, wird von einem Potentiometer am Fahrpedal (Pedalwegsensor im Fahrpedalmodul, Bild 4, Pos. 20) erfasst und in Form eines analogen Spannungssignals vom Motorsteuergerät (21) eingelesen. Im Steuergerät werden Signale erzeugt, die den Öffnungsquerschnitt der elektrisch angesteuerten Drosselklappe (3) so einstellen, dass der Verbrennungsmotor das geforderte Drehmoment einstellt.

Motorsteuerung für Benzin-Direkteinspritzung

Mit der Einführung der Direkteinspritzung beim Ottomotor (Benzin-Direkteinspritzung, BDE) wurde ein Steuerungskonzept erforderlich, das verschiedene Betriebsarten in einem Steuergerät koordiniert. Beim Homogenbetrieb wird das Einspritzventil so

Bild 5

1 Aktivkohlebehälter
2 Tankentlüftungsventil
3 Heißfilm-Luftmassenmesser
4 Ladeluftkühler
5 kombinierter Ladedruck- und Ansauglufttemperatursensor
6 Umgebungsdrucksensor
7 Drosselklappe
8 Saugrohrdrucksensor
9 Ladungsbewegungsklappe
10 Nockenwellenversteller
11 Kraftstofffördermodul mit Elektrokraftstoffpumpe
12 Hochdruckpumpe
13 Kraftstoffverteilerrohr
14 Hochdrucksensor
15 Hochdruck-Einspritzventil
16 Zündspule mit Zündkerze
17 Klopfsensor

18 Abgastemperatursensor
19 λ-Sonde
20 Vorkatalysator
21 λ-Sonde
22 Hauptkatalysator
23 Abgasturbolader
24 Waste-Gate
25 Waste-Gate-Steller
26 Vakuumpumpe
27 Schubumluftventil
28 Nockenwellen-Phasensensor
29 Motortemperatursensor
30 Drehzahlsensor
31 Fahrpedalmodul
32 Motorsteuergerät
33 CAN-Schnittstelle
34 Motorkontrollleuchte
35 Diagnoseschnittstelle
36 Schnittstelle zur Wegfahrsperre

6   Komponenten für die elektronische Steuerung und Regelung eines Ottomotors mit wahlweise Erdgas- oder Benzin-Betrieb (Bifuel-System)

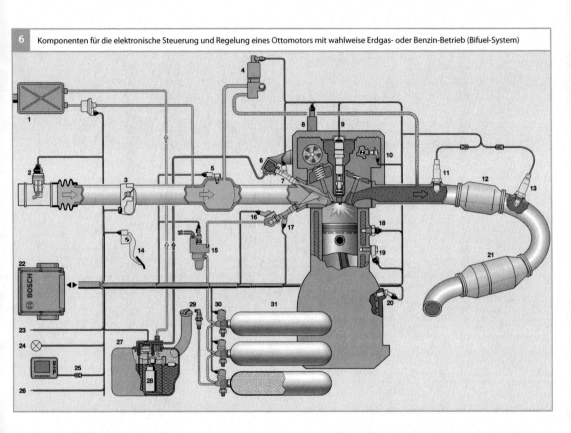

Bild 6

1 Aktivkohlebehälter mit Tankentlüftungsventil
2 Heißfilm-Luftmassenmesser
3 elektrisch angesteuerte Drosselklappe
4 Abgasrückführventil
5 Saugrohrdrucksensor
6 Kraftstoff-Verteilerrohr
7 Benzin-Einspritzventil
8 Aktoren und Sensoren für variable
   Nockenwellensteuerung
9 Zündspule mit Zündkerze
10 Nockenwellen-Phasensensor
11 λ-Sonde vor dem Vorkatalysator
12 Vorkatalysator
13 λ-Sonde nach dem Vorkatalysator
14 Fahrpedalmodul
15 Erdgas-Druckregler
16 Erdgas-Rail mit Erdgas-Druck- und
   Temperatursensor

17 Erdgas-Einblasventil
18 Motortemperatursensor
19 Klopfsensor
20 Drehzahlsensor
21 Hauptkatalysator
22 Motorsteuergerät
23 CAN-Schnittstelle
24 Motorkontrollleuchte
25 Diagnoseschnittstelle
26 Schnittstelle zur Wegfahrsperre
27 Kraftstoffbehälter
28 Kraftstofffördermodul mit
   Elektrokraftstoffpumpe
29 Einfüllstutzen für Benzin und
   Erdgas
30 Tankabsperrventile
31 Erdgastank

angesteuert, dass sich eine homogene Luft-Kraftstoff-Gemischverteilung im Brennraum ergibt. Dazu wird der Kraftstoff in den Saughub eingespritzt. Beim Schichtbetrieb wird durch eine späte Einspritzung während des Verdichtungshubs, kurz vor der Zündung, eine lokal begrenzte Gemischwolke im Zündkerzenbereich erzeugt.

Seit einigen Jahren finden zunehmend BDE-Konzepte, bei denen der Motor im gesamten Betriebsbereich homogen und stöchiometrisch (mit $\lambda = 1$) betrieben wird, in Verbindung mit Turboaufladung eine immer größere Verbreitung. Bei diesen Konzepten kann der Kraftstoffverbrauch bei vergleichbarer Motorleistung durch eine Verringerung des Hubvolumens (Downsizing) des Motors gesenkt werden.

Beim Schichtbetrieb wird der Motor mit einem mageren Luft-Kraftstoff-Gemisch (bei $\lambda > 1$) betrieben. Hierdurch lässt sich insbesondere im Teillastbereich der Kraftstoffverbrauch verringern. Durch den Magerbetrieb ist bei dieser Betriebsart eine aufwendigere Abgasnachbehandlung zur Reduktion der NO_x-Emissionen notwendig.

Bild 5 zeigt ein Beispiel der Steuerung eines BDE-Systems mit Turboaufladung und stöchiometrischem Homogenbetrieb. Dieses System besitzt ein Hochdruck-Einspritzsystem bestehend aus Hochdruckpumpe mit Mengensteuerventil (12), Kraftstoff-Verteilerrohr (13) mit Hochdrucksensor (14) und Hochdruck-Einspritzventil (15). Der Kraftstoffdruck wird in Abhängigkeit vom Betriebspunkt in Bereichen zwischen 3 und 20 MPa geregelt. Der Ist-Druck wird mit dem Hochdrucksensor erfasst. Die Regelung auf den Sollwert erfolgt durch das Mengensteuerventil.

Motorsteuerung für Erdgas-Systeme

Erdgas, auch CNG (Compressed Natural Gas) genannt, gewinnt aufgrund der günstigen CO_2-Emissionen zunehmend an Bedeutung als Kraftstoffalternative für Ottomotoren. Aufgrund der vergleichsweise geringen Tankstellendichte sind heutige Fahrzeuge überwiegend mit Bifuel-Systemen ausgestattet, die einen Betrieb wahlweise mit Erdgas oder Benzin ermöglichen. Bifuel-Systeme gibt es heute für Motoren mit Saugrohreinspritzung und mit Benzin-Direkteinspritzung.

Die Motorsteuerung für Bifuel-Systeme enthält alle Komponenten für die Saugrohreinspritzung bzw. Benzin-Direkteinspritzung. Zusätzlich enthält diese Motorsteuerung die Komponenten für das Erdgassystem (Bild 6). Während bei Nachrüstsystemen die Steuerung des Erdgasbetriebs über eine externe Einheit vorgenommen wird, ist sie bei der Bifuel-Motorsteuerung integriert. Das Sollmoment des Motors und die den Betriebszustand charakterisierenden Größen werden im Bifuel-Steuergerät nur einmal gebildet. Durch die physikalisch basierten Funktionen der Momentenstruktur ist eine einfache Integration der für den Gasbetrieb spezifischen Parameter möglich.

Umschaltung der Kraftstoffart

Je nach Motorauslegung kann es sinnvoll sein, bei hoher Lastanforderung automatisch in die Kraftstoffart zu wechseln, die die maximale Motorleistung ermöglicht. Weitere automatische Umschaltungen können darüber hinaus sinnvoll sein, um z.B. eine spezifische Abgasstrategie zu realisieren und den Katalysator schneller aufzuheizen oder generell ein Kraftstoffmanagement durchzuführen. Bei automatischen Umschaltungen ist es jedoch wichtig, dass diese momentenneutral umgesetzt werden, d.h. für den Fahrer nicht wahrnehmbar sind.

Die Bifuel-Motorsteuerung erlaubt den Betriebsstoffwechsel auf verschiedene Arten. Eine Möglichkeit ist der direkte Wechsel, vergleichbar mit einem Schalter. Dabei darf keine Einspritzung abgebrochen werden, sonst bestünde im befeuerten Betrieb die Gefahr von Aussetzern. Die plötzliche Gaseinblasung hat gegenüber dem Benzinbetrieb jedoch eine größere Volumenverdrängung zur Folge, sodass der Saugrohrdruck ansteigt und die Zylinderfüllung durch die Umschaltung um ca. 5 % abnimmt. Dieser Effekt muss durch eine größere Drosselklappenöffnung berücksichtigt werden. Um das Motormoment bei der Umschaltung unter Last konstant zu halten, ist ein zusätzlicher Eingriff auf die Zündwinkel notwendig, der eine schnelle Änderung des Drehmoments ermöglicht.

Eine weitere Möglichkeit der Umschaltung ist die Überblendung von Benzin- zu

Gasbetrieb. Zum Wechsel in den Gasbetrieb wird die Benzineinspritzung durch einen Aufteilungsfaktor reduziert und die Gaseinblasung entsprechend erhöht. Dadurch werden Sprünge in der Luftfüllung vermieden. Zusätzlich ergibt sich die Möglichkeit, eine veränderte Gasqualität mit der λ-Regelung während der Umschaltung zu korrigieren. Mit diesem Verfahren ist die Umschaltung auch bei hoher Last ohne merkbare Momentenänderung durchführbar.

Bei Nachrüstsystemen besteht häufig keine Möglichkeit, die Betriebsarten für Benzin und Erdgas koordiniert zu wechseln. Zur Vermeidung von Momentensprüngen wird deshalb bei vielen Systemen die Umschaltung nur während der Schubphasen durchgeführt.

Systemstruktur

Die starke Zunahme der Komplexität von Motorsteuerungs-Systemen aufgrund neuer Funktionalitäten erfordert eine strukturierte Systembeschreibung. Basis für die bei Bosch verwendete Systembeschreibung ist die Drehmomentstruktur. Alle Drehmomentanforderungen an den Motor werden von der Motorsteuerung als Sollwerte entgegengenommen und zentral koordiniert. Das geforderte Drehmoment wird berechnet und über folgende Stellgrößen eingestellt:
● den Winkel der elektrisch ansteuerbaren Drosselklappe,
● den Zündwinkel,
● Einspritzausblendungen,
● Ansteuern des Waste-Gates bei Motoren mit Abgasturboaufladung,
● die eingespritzte Kraftstoffmenge bei Motoren im Magerbetrieb.

Bild 7 zeigt die bei Bosch für Motorsteuerungs-Systeme verwendete Systemstruktur

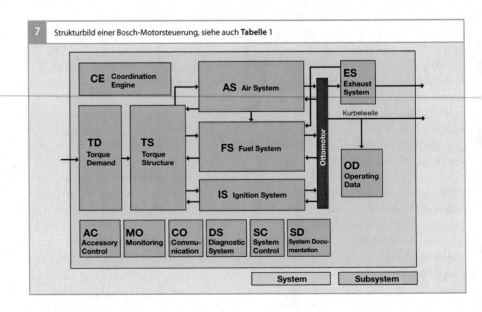

7   Strukturbild einer Bosch-Motorsteuerung, siehe auch **Tabelle 1**

Abkürzung	Englische Bezeichnung	Deutsche Bezeichnung
ABB	Air System Brake Booster	Bremskraftverstärkersteuerung
ABC	Air System Boost Control	Ladedrucksteuerung
AC	Accessory Control	Nebenaggregatesteuerung
ACA	Accessory Control Air Condition	Klimasteuerung
ACE	Accessory Control Electrical Machines	Steuerung elektrische Aggregate
ACF	Accessory Control Fan Control	Lüftersteuerung
ACS	Accessory Control Steering	Ansteuerung Lenkhilfepumpe
ACT	Accessory Control Thermal Management	Thermomanagement
ADC	Air System Determination of Charge	Luftfüllungsberechnung
AEC	Air System Exhaust Gas Recirculation	Abgasrückführungssteuerung
AIC	Air System Intake Manifold Control	Saugrohrsteuerung
AS	Air System	Luftsystem
ATC	Air System Throttle Control	Drosselklappensteuerung
AVC	Air System Valve Control	Ventilsteuerung
CE	Coordination Engine	Koordination Motorbetriebszustände und -arten
CEM	Coordination Engine Operation	Koordination Motorbetriebsarten
CES	Coordination Engine States	Koordination Motorbetriebszustände
CO	Communication	Kommunikation
COS	Communication Security Access	Kommunikation Wegfahrsperre
COU	Communication User-Interface	Kommunikationsschnittstelle
COV	Communication Vehicle Interface	Datenbuskommunikation
DS	Diagnostic System	Diagnosesystem
DSM	Diagnostic System Manager	Diagnosesystemmanager
EAF	Exhaust System Air Fuel Control	λ-Regelung
ECT	Exhaust System Control of Temperature	Abgastemperaturregelung
EDM	Exhaust System Description and Modeling	Beschreibung und Modellierung Abgassystem
ENM	Exhaust System NO_x Main Catalyst	Regelung NO_x-Speicherkatalysator
ES	Exhaust System	Abgassystem
ETF	Exhaust System Three Way Front Catalyst	Regelung Dreiwegevorkatalysator
ETM	Exhaust System Main Catalyst	Regelung Dreiwegehauptkatalysator
FEL	Fuel System Evaporative Leak Detection	Tankleckerkennung
FFC	Fuel System Feed Forward Control	Kraftstoff-Vorsteuerung
FIT	Fuel System Injection Timing	Einspritzausgabe
FMA	Fuel System Mixture Adaptation	Gemischadaption

Tabelle 1
Subsysteme und
Hauptfunktionen einer
Bosch-Motorsteuerung

Abkürzung	Englische Bezeichnung	Deutsche Bezeichnung
FPC	Fuel Purge Control	Tankentlüftung
FS	Fuel System	Kraftstoffsystem
FSS	Fuel Supply System	Kraftstoffversorgungssystem
IGC	Ignition Control	Zündungssteuerung
IKC	Ignition Knock Control	Klopfregelung
IS	Ignition System	Zündsystem
MO	Monitoring	Überwachung
MOC	Microcontroller Monitoring	Rechnerüberwachung
MOF	Function Monitoring	Funktionsüberwachung
MOM	Monitoring Module	Überwachungsmodul
MOX	Extended Monitoring	Erweiterte Funktionsüberwachung
OBV	Operating Data Battery Voltage	Batteriespannungserfassung
OD	Operating Data	Betriebsdaten
OEP	Operating Data Engine Position Management	Erfassung Drehzahl und Winkel
OMI	Misfire Detection	Aussetzererkennung
OTM	Operating Data Temperature Measurement	Temperaturerfassung
OVS	Operating Data Vehicle Speed Control	Fahrgeschwindigkeitserfassung
SC	System Control	Systemsteuerung
SD	System Documentation	Systembeschreibung
SDE	System Documentation Engine Vehicle ECU	Systemdokumentation Motor, Fahrzeug, Motorsteuerung
SDL	System Documentation Libraries	Systemdokumentation Funktionsbibliotheken
SYC	System Control ECU	Systemsteuerung Motorsteuerung
TCD	Torque Coordination	Momentenkoordination
TCV	Torque Conversion	Momentenumsetzung
TD	Torque Demand	Momentenanforderung
TDA	Torque Demand Auxiliary Functions	Momentenanforderung Zusatzfunktionen
TDC	Torque Demand Cruise Control	Momentenanforderung Fahrgeschwindigkeitsregler
TDD	Torque Demand Driver	Fahrerwunschmoment
TDI	Torque Demand Idle Speed Control	Momentenanforderung Leerlaufdrehzahlregelung
TDS	Torque Demand Signal Conditioning	Momentenanforderung Signalaufbereitung
TMO	Torque Modeling	Motordrehmoment-Modell
TS	Torque Structure	Drehmomentenstruktur

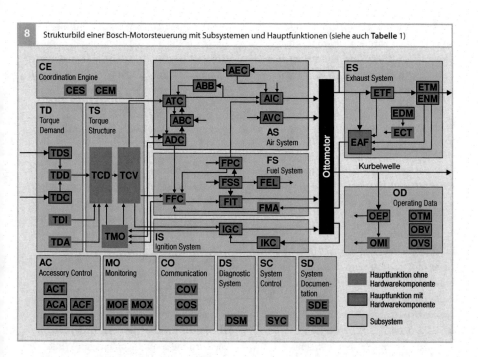

8 Strukturbild einer Bosch-Motorsteuerung mit Subsystemen und Hauptfunktionen (siehe auch **Tabelle** 1)

mit den verschiedenen Subsystemen. Die einzelnen Blöcke und Bezeichnungen (vgl. Tabelle 1) werden im Folgenden näher erläutert.

In Bild 7 ist die Motorsteuerung als System bezeichnet. Als Subsystem werden die verschiedenen Bereiche innerhalb des Systems bezeichnet. Einige Subsysteme sind im Steuergerät rein softwaretechnisch ausgebildet (z. B. die Drehmomentstruktur), andere Subsysteme enthalten auch Hardware-Komponenten (z. B. das Kraftstoffsystem mit den Einspritzventilen). Die Subsysteme sind durch definierte Schnittstellen miteinander verbunden.

Durch die Systemstruktur wird die Motorsteuerung aus der Sicht des funktionalen Ablaufs beschrieben. Das System umfasst das Steuergerät (mit Hardware und Software) sowie externe Komponenten (Aktoren, Sensoren und mechanische Komponenten), die mit dem Steuergerät elektrisch verbunden sein können. Die Systemstruktur (**Bild 8**)

gliedert dieses System nach funktionalen Kriterien hierarchisch in 14 Subsysteme (z. B. Luftsystem, Kraftstoffsystem), die wiederum in ca. 70 Hauptfunktionen (z. B. Ladedruckregelung, λ-Regelung) unterteilt sind (Tabelle 1).

Seit Einführung der Drehmomentstruktur werden die Drehmomentanforderungen an den Motor in den Subsystemen *Torque Demand* und *Torque Structure* zentral koordiniert. Die Füllungssteuerung durch die elektrisch verstellbare Drosselklappe ermöglicht das Einstellen der vom Fahrer über das Fahrpedal vorgegebenen Drehmomentanforderung (Fahrerwunsch). Gleichzeitig können alle zusätzlichen Drehmomentanforderungen, die sich aus dem Fahrbetrieb ergeben (z. B. beim Zuschalten des Klimakompressors), in der Drehmomentstruktur koordiniert werden. Die Momentenkoordination ist mittlerweile so strukturiert, dass sowohl Benzin- als auch Dieselmotoren damit betrieben werden können.

Subsysteme und Hauptfunktionen

Im Folgenden wird ein Überblick über die wesentlichen Merkmale der in einer Motorsteuerung implementierten Hauptfunktionen gegeben.

System Documentation

Unter *System Documentation* (SD) sind die technischen Unterlagen zur Systembeschreibung zusammengefasst (z. B. Steuergerätebeschreibung, Motor- und Fahrzeugdaten sowie Konfigurationsbeschreibungen).

System Control

Im Subsystem *System Control* (SC, Systemsteuerung) sind die den Rechner steuernden Funktionen zusammengefasst. In der Hauptfunktion *System Control ECU* (SYC, Systemzustandssteuerung), werden die Zustände des Mikrocontrollers beschrieben:

- Initialisierung (Systemhochlauf),
- Running State (Normalzustand, hier werden die Hauptfunktionen abgearbeitet),
- Steuergerätenachlauf (z. B. für Lüfternachlauf oder Hardwaretest).

Coordination Engine

Im Subsystem *Coordination Engine (CE)* werden sowohl der Motorstatus als auch die Motor-Betriebsdaten koordiniert. Dies erfolgt an zentraler Stelle, da abhängig von dieser Koordination viele weitere Funktionalitäten im gesamten System der Motorsteuerung betroffen sind. Die Hauptfunktion *Coordination Engine States* (CES, Koordination Motorstatus), beinhaltet sowohl die verschiedenen Motorzustände wie Start, laufender Betrieb und abgestellter Motor als auch Koordinationsfunktionen für Start-Stopp-Systeme und zur Einspritzaktivierung (Schubabschalten, Wiedereinsetzen).

In der Hauptfunktion *Coordination Engine Operation* (CEM, Koordination Motorbetriebsdaten) werden die Betriebsarten für die Benzin-Direkteinspritzung koordiniert und umgeschaltet. Zur Bestimmung der Soll-Betriebsart werden die Anforderungen unterschiedlicher Funktionalitäten unter Berücksichtigung von festgelegten Prioritäten im Betriebsartenkoordinator koordiniert.

Torque Demand

In der betrachteten Systemstruktur werden alle Drehmomentanforderungen an den Motor konsequent auf Momentenebene koordiniert. Das Subsystem *Torque Demand (TD)* erfasst alle Drehmomentanforderungen und stellt sie dem Subsystem *Torque Structure (TS)* als Eingangsgrößen zur Verfügung (Bild 8).

Die Hauptfunktion *Torque Demand Signal Conditioning* (TDS, Momentenanforderung Signalaufbereitung), beinhaltet im Wesentlichen die Erfassung der Fahrpedalstellung. Sie wird mit zwei unabhängigen Winkelsensoren erfasst und in einen normierten Fahrpedalwinkel umgerechnet. Durch verschiedene Plausibilitätsprüfungen wird dabei sichergestellt, dass bei einem Einfachfehler der normierte Fahrpedalwinkel keine höheren Werte annehmen kann, als es der tatsächlichen Fahrpedalstellung entspricht.

Die Hauptfunktion *Torque Demand Driver* (TDD, Fahrerwunsch), berechnet aus der Fahrpedalstellung einen Sollwert für das Motordrehmoment. Darüber hinaus wird die Fahrpedalcharakteristik festgelegt.

Die Hauptfunktion *Torque Demand Cruise Control* (TDC, Fahrgeschwindigkeitsregler) hält die Geschwindigkeit des Fahrzeugs in Abhängigkeit von der über eine Bedieneinrichtung eingestellte Sollgeschwindigkeit bei nicht betätigtem Fahrpedal konstant, sofern dies im Rahmen des einstellbaren Motordrehmoments möglich ist. Zu den wichtigsten Abschaltbedingungen dieser Funktion zählen die Betätigung der „Aus-Taste" an der Bedieneinrichtung, die Betätigung von

Bremse oder Kupplung sowie die Unterschreitung der erforderlichen Minimalgeschwindigkeit.

Die Hauptfunktion *Torque Demand Idle Speed Control* (TDI, Leerlaufdrehzahlregelung) regelt die Drehzahl des Motors bei nicht betätigtem Fahrpedal auf die Leerlaufdrehzahl ein. Der Sollwert der Leerlaufdrehzahl wird so vorgegeben, dass stets ein stabiler und ruhiger Motorlauf gewährleistet ist. Dementsprechend wird der Sollwert bei bestimmten Betriebsbedingungen (z. B. bei kaltem Motor) gegenüber der Nennleerlaufdrehzahl erhöht. Erhöhungen sind auch zur Unterstützung des Katalysator-Heizens, zur Leistungssteigerung des Klimakompressors oder bei ungenügender Ladebilanz der Batterie möglich. Die Hauptfunktion *Torque Demand Auxiliary Functions* (TDA, Drehmomente intern) erzeugt interne Momentenbegrenzungen und -anforderungen (z. B. zur Drehzahlbegrenzung oder zur Dämpfung von Ruckelschwingungen).

Torque Structure
Im Subsystem *Torque Structure* (TS, Drehmomentstruktur, Bild 8) werden alle Drehmomentanforderungen koordiniert. Das Drehmoment wird dann vom Luft-, Kraftstoff- und Zündsystem eingestellt. Die Hauptfunktion *Torque Coordination* (TCD, Momentenkoordination) koordiniert alle Drehmomentanforderungen. Die verschiedenen Anforderungen (z. B. vom Fahrer oder von der Drehzahlbegrenzung) werden priorisiert und abhängig von der aktuellen Betriebsart in Drehmoment-Sollwerte für die Steuerpfade umgerechnet.

Die Hauptfunktion *Torque Conversion* (TCV, Momentenumsetzung), berechnet aus den Sollmoment-Eingangsgrößen die Sollwerte für die relative Luftmasse, das Luftverhältnis λ und den Zündwinkel sowie die Einspritzausblendung (z. B. für das Schubabschalten). Der Luftmassensollwert wird so berechnet, dass sich das geforderte Drehmoment des Motors in Abhängigkeit vom applizierten Luftverhältnis λ und dem applizierten Basiszündwinkel einstellt.

Die Hauptfunktion *Torque Modelling* (TMO, Momentenmodell Drehmoment) berechnet aus den aktuellen Werten für Füllung, Luftverhältnis λ, Zündwinkel, Reduzierstufe (bei Zylinderabschaltung) und Drehzahl ein theoretisch optimales indiziertes Drehmoment des Motors. Das indizierte Moment ist dabei das Drehmoment, das sich aufgrund des auf den Kolben wirkenden Gasdrucks ergibt. Das tatsächliche Moment ist aufgrund von Verlusten geringer als das indizierte Moment. Mittels einer Wirkungsgradkette wird ein indiziertes Ist-Drehmoment gebildet. Die Wirkungsgradkette beinhaltet drei verschiedene Wirkungsgrade: den Ausblendwirkungsgrad (proportional zu der Anzahl der befeuerten Zylinder), den Zündwinkelwirkungsgrad (ergibt sich aus der Verschiebung des Ist-Zündwinkels vom optimalen Zündwinkel) und den λ-Wirkungsgrad (ergibt sich aus der Wirkungsgradkennlinie als Funktion des Luftverhältnisses λ).

Air System
Im Subsystem *Air System* (AS, Luftsystem, Bild 8) wird die für das umzusetzende Moment benötigte Füllung eingestellt. Darüber hinaus sind Abgasrückführung, Ladedruckregelung, Saugrohrumschaltung, Ladungsbewegungssteuerung und Ventilsteuerung Teil des Luftsystems.

In der Hauptfunktion *Air System Throttle Control* (ATC, Drosselklappensteuerung) wird aus dem Soll-Luftmassenstrom die Sollposition für die Drosselklappe gebildet, die den in das Saugrohr einströmenden Luftmassenstrom bestimmt.

Die Hauptfunktion *Air System Determination of Charge* (ADC, Luftfüllungsberechnung) ermittelt mithilfe der zur Verfügung stehenden Lastsensoren die aus Frischluft und Inertgas bestehende Zylinderfüllung. Aus den Luftmassenströmen werden die Druckverhältnisse im Saugrohr mit einem Saugrohrdruckmodell modelliert.

Die Hauptfunktion *Air System Intake Manifold Control* (AIC, Saugrohrsteuerung) berechnet die Sollstellungen für die Saugrohr- und die Ladungsbewegungsklappe.

Der Unterdruck im Saugrohr ermöglicht die Abgasrückführung, die in der Hauptfunktion *Air System Exhaust Gas Recirculation* (AEC, Abgasrückführungssteuerung) berechnet und eingestellt wird.

Die Hauptfunktion *Air System Valve Control* (AVC, Ventilsteuerung) berechnet die Sollwerte für die Einlass- und die Auslassventilpositionen und stellt oder regelt diese ein. Dadurch kann die Menge des intern zurückgeführten Restgases beeinflusst werden.

Die Hauptfunktion *Air System Boost Control* (ABC, Ladedrucksteuerung) übernimmt die Berechnung des Ladedrucks für Motoren mit Abgasturboaufladung und stellt die Stellglieder für dieses System.

Motoren mit Benzin-Direkteinspritzung werden teilweise im unteren Lastbereich mit Schichtladung ungedrosselt gefahren. Im Saugrohr herrscht damit annähernd Umgebungsdruck. Die Hauptfunktion *Air System Brake Booster* (ABB, Bremskraftverstärkersteuerung) sorgt durch Anforderung einer Androsselung dafür, dass im Bremskraftverstärker immer ausreichend Unterdruck herrscht.

Fuel System
Im Subsystem *Fuel System* (FS, Kraftstoffsystem, **Bild 8**) werden kurbelwellensynchron die Ausgabegrößen für die Einspritzung berechnet, also die Zeitpunkte der Einspritzungen und die Menge des einzuspritzenden Kraftstoffs.

Die Hauptfunktion *Fuel System Feed Forward Control* (FFC, Kraftstoff-Vorsteuerung) berechnet die aus der Soll-Füllung, dem λ-Sollwert, additiven Korrekturen (z. B. Übergangskompensation) und multiplikativen Korrekturen (z. B. Korrekturen für Start, Warmlauf und Wiedereinsetzen) die Soll-Kraftstoffmasse. Weitere Korrekturen kommen von der λ-Regelung, der Tankentlüftung und der Luft-Kraftstoff-Gemischadaption. Bei Systemen mit Benzin-Direkteinspritzung werden für die Betriebsarten spezifische Werte berechnet (z. B. Einspritzung in den Ansaugtakt oder in den Verdichtungstakt, Mehrfacheinspritzung).

Die Hauptfunktion *Fuel System Injection Timing* (FIT, Einspritzausgabe) berechnet die Einspritzdauer und die Kurbelwinkelposition der Einspritzung und sorgt für die winkelsynchrone Ansteuerung der Einspritzventile. Die Einspritzzeit wird auf der Basis der zuvor berechneten Kraftstoffmasse und Zustandsgrößen (z. B. Saugrohrdruck, Batteriespannung, Raildruck, Brennraumdruck) berechnet.

Die Hauptfunktion *Fuel System Mixture Adaptation* (FMA, Gemischadaption), verbessert die Vorsteuergenauigkeit des λ-Werts durch Adaption längerfristiger Abweichungen des λ-Reglers vom Neutralwert. Bei kleinen Füllungen wird aus der Abweichung des λ-Reglers ein additiver Korrekturterm gebildet, der bei Systemen mit Heißfilm-Luftmassenmesser (HFM) in der Regel kleine Saugrohrleckagen widerspiegelt oder bei Systemen mit Saugrohrdrucksensor den Restgas- und den Offset-Fehler des Drucksensors ausgleicht. Bei größeren Füllungen wird ein multiplikativer Korrekturfaktor ermittelt, der im Wesentlichen Steigungsfehler des Heißfilm-Luftmassenmessers, Abweichungen des Raildruckreglers (bei Systemen mit Direkteinspritzung) und Kennlinien-Steigungsfehler der Einspritzventile repräsentiert.

Die Hauptfunktion *Fuel Supply System* (FSS, Kraftstoffversorgungssystem) hat die Aufgabe, den Kraftstoff aus dem Kraftstoffbehälter in der geforderten Menge und mit dem vorgegebenen Druck in das Kraftstoffverteilerrohr zu fördern. Der Druck kann bei bedarfsgesteuerten Systemen zwischen 200 und 600 kPa geregelt werden, die Rückmeldung des Ist-Werts geschieht über einen Drucksensor. Bei der Benzin-Direkteinspritzung enthält das Kraftstoffversorgungssystem zusätzlich einen Hochdruckkreis mit der Hochdruckpumpe und dem Drucksteuerventil oder der bedarfsgesteuerten Hochdruckpumpe mit Mengensteuerventil. Damit kann im Hochdruckkreis der Druck abhängig vom Betriebspunkt variabel zwischen 3 und 20 MPa geregelt werden. Die Sollwertvorgabe wird betriebspunktabhängig berechnet, der Ist-Druck über einen Hochdrucksensor erfasst.

Die Hauptfunktion *Fuel System Purge Control* (FPC, Tankentlüftung) steuert während des Motorbetriebs die Regeneration des im Tank verdampften und im Aktivkohlebehälter des Kraftstoffverdunstungs-Rückhaltesystems gesammelten Kraftstoffs. Basierend auf dem ausgegebenen Tastverhältnis zur Ansteuerung des Tankentlüftungsventils und den Druckverhältnissen wird ein Istwert für den Gesamt-Massenstrom über das Ventil berechnet, der in der Drosselklappensteuerung (ATC) berücksichtigt wird. Ebenso wird ein Ist-Kraftstoffanteil ausgerechnet, der von der Soll-Kraftstoffmasse subtrahiert wird.

Die Hauptfunktion *Fuel System Evaporation Leakage Detection* (FEL, Tankleckerkennung) prüft die Dichtheit des Tanksystems gemäß der kalifornischen OBD-II-Gesetzgebung.

Ignition System
Im *Subsystem Ignition System* (IS, Zündsystem, Bild 8) werden die Ausgabegrößen für die Zündung berechnet und die Zündspulen angesteuert.

Die Hauptfunktion *Ignition Control* (IGC, Zündung) ermittelt aus den Betriebsbedin-

gungen des Motors und unter Berücksichtigung von Eingriffen aus der Momentenstruktur den aktuellen Soll-Zündwinkel und erzeugt zum gewünschten Zeitpunkt einen Zündfunken an der Zündkerze. Der resultierende Zündwinkel wird aus dem Grundzündwinkel und betriebspunktabhängigen Zündwinkelkorrekturen und Anforderungen berechnet. Bei der Bestimmung des drehzahl- und lastabhängigen Grundzündwinkels wird – falls vorhanden – auch der Einfluss einer Nockenwellenverstellung, einer Ladungsbewegungsklappe, einer Zylinderbankaufteilung sowie spezieller BDE-Betriebsarten berücksichtigt. Zur Berechnung des frühest möglichen Zündwinkels wird der Grundzündwinkel mit den Verstellwinkeln für Motorwarmlauf, Klopfregelung und – falls vorhanden – Abgasrückführung korrigiert. Aus dem aktuellen Zündwinkel und der notwendigen Ladezeit der Zündspule wird der Einschaltzeitpunkt der Zündungsendstufe berechnet und entsprechend angesteuert.

Die Hauptfunktion *Ignition System Knock Control* (IKC, Klopfregelung) betreibt den Motor wirkungsgradoptimiert an der Klopfgrenze, verhindert aber motorschädigendes Klopfen. Der Verbrennungsvorgang in allen Zylindern wird mittels Klopfsensoren überwacht. Das erfasste Körperschallsignal der Sensoren wird mit einem Referenzpegel verglichen, der über einen Tiefpass zylinderselektiv aus den letzten Verbrennungen gebildet wird. Der Referenzpegel stellt damit das Hintergrundgeräusch des Motors für den klopffreien Betrieb dar. Aus dem Vergleich lässt sich ableiten, um wie viel lauter die aktuelle Verbrennung gegenüber dem Hintergrundgeräusch war. Ab einer bestimmten Schwelle wird Klopfen erkannt. Sowohl bei der Referenzpegelberechnung als auch bei der Klopferkennung können geänderte Betriebsbedingungen (Motordrehzahl, Drehzahldynamik, Lastdynamik) berücksichtigt werden.

Die Klopfregelung gibt – für jeden einzelnen Zylinder – einen Differenzzündwinkel zur Spätverstellung aus, der bei der Berechnung des aktuellen Zündwinkels berücksichtigt wird. Bei einer erkannten klopfenden Verbrennung wird dieser Differenzzündwinkel um einen applizierbaren Betrag vergrößert. Die Zündwinkel-Spätverstellung wird anschließend in kleinen Schritten wieder zurückgenommen, wenn über einen applizierbaren Zeitraum keine klopfende Verbrennung auftritt. Bei einem erkannten Fehler in der Hardware wird eine Sicherheitsmaßnahme (Sicherheitsspätverstellung) aktiviert.

Exhaust System
Das Subsystem *Exhaust System* (ES, Abgassystem) greift in die Luft-Kraftstoff-Gemischbildung ein, stellt dabei das Luftverhältnis λ ein und steuert den Füllzustand der Katalysatoren.

Die Hauptaufgaben der Hauptfunktion *Exhaust System Description and Modelling* (EDM, Beschreibung und Modellierung des Abgassystems) sind vornehmlich die Modellierung physikalischer Größen im Abgastrakt, die Signalauswertung und die Diagnose der Abgastemperatursensoren (sofern vorhanden) sowie die Bereitstellung von Kenngrößen des Abgassystems für die Testerausgabe. Die physikalischen Größen, die modelliert werden, sind Temperatur (z. B. für Bauteileschutz), Druck (primär für Restgaserfassung) und Massenstrom (für λ-Regelung und Katalysatordiagnose). Daneben wird das Luftverhältnis des Abgases bestimmt (für NO_x-Speicherkatalysator-Steuerung und -Diagnose).

Das Ziel der Hauptfunktion *Exhaust System Air Fuel Control* (EAF, λ-Regelung) mit der λ-Sonde vor dem Vorkatalysator ist, das λ auf einen vorgegebenen Sollwert zu regeln, um Schadstoffe zu minimieren, Drehmomentschwankungen zu vermeiden und die Magerlaufgrenze einzuhalten. Die Eingangssignale aus der λ-Sonde hinter dem Hauptkatalysator erlauben eine weitere Minimierung der Emissionen.

Die Hauptfunktion *Exhaust System Three-Way Front Catalyst* (ETF, Steuerung und Regelung des Dreiwegevorkatalysators) verwendet die λ-Sonde hinter dem Vorkatalysator (sofern vorhanden). Deren Signal dient als Grundlage für die Führungsregelung und Katalysatordiagnose. Diese Führungsregelung kann die Luft-Kraftstoff-Gemischregelung wesentlich verbessern und damit ein bestmögliches Konvertierungsverhalten des Katalysators ermöglichen.

Die Hauptfunktion *Exhaust System Three-Way Main Catalyst* (ETM, Steuerung und Regelung des Dreiwegehauptkatalysators) arbeitet im Wesentlichen gleich wie die zuvor beschriebene Hauptfunktion ETF. Die Führungsregelung wird dabei an die jeweilige Katalysatorkonfiguration angepasst.

Die Hauptfunktion *Exhaust System NO_x Main Catalyst* (ENM, Steuerung und Regelung des NO_x-Speicherkatalysators) hat bei Systemen mit Magerbetrieb und NO_x-Speicherkatalysator die Aufgabe, die NO_x-Emissionsvorgaben durch eine an die Erfordernisse des Speicherkatalysators angepasste Regelung des Luft-Kraftstoff-Gemischs einzuhalten.

In Abhängigkeit vom Zustand des Katalysators wird die NO_x-Einspeicherphase beendet und in einen Motorbetrieb mit $\lambda < 1$ übergegangen, der den NO_x-Speicher leert und die gespeicherten NO_x-Emissionen zu N_2 umsetzt.

Die Regenerierung des NO_x-Speicherkatalysators wird in Abhängigkeit vom Sprungsignal der Sonde hinter dem NO_x-Speicherkatalysator beendet. Bei Systemen mit NO_x-Speicherkatalysator sorgt das Umschalten in einen speziellen Modus für die Entschwefelung des Katalysators.

Die Hauptfunktion *Exhaust System Control of Temperature* (ECT, Abgastemperaturregelung) steuert die Temperatur des Abgastrakts mit dem Ziel, das Aufheizen der Katalysatoren nach dem Motorstart zu beschleunigen, das Auskühlen der Katalysatoren im Betrieb zu verhindern, den NO_x-Speicherkatalysator (falls vorhanden) für die Entschwefelung aufzuheizen und eine thermische Schädigung der Komponenten im Abgassystem zu verhindern. Die Temperaturerhöhung wird z. B. durch eine Verstellung des Zündwinkels in Richtung spät vorgenommen. Im Leerlauf kann der Wärmestrom auch durch eine Anhebung der Leerlaufdrehzahl erhöht werden.

Operating Data
Im Subsystem *Operating Data* (OD, Betriebsdaten) werden alle für den Motorbetrieb wichtigen Betriebsparameter erfasst, plausibilisiert und gegebenenfalls Ersatzwerte bereitgestellt.

Die Hauptfunktion *Operating Data Engine Position Management* (OEP, Winkel- und Drehzahlerfassung) berechnet aus den aufbereiteten Eingangssignalen des Kurbelwellen- und Nockenwellensensors die Position der Kurbel- und der Nockenwelle. Aus diesen Informationen wird die Motordrehzahl berechnet. Aufgrund der Bezugsmarke auf dem Kurbelwellengeberrad (zwei fehlende Zähne) und der Charakteristik des Nockenwellensignals erfolgt die Synchronisation zwischen der Motorposition und dem Steuergerät sowie die Überwachung der Synchronisation im laufenden Betrieb. Zur Optimierung der Startzeit wird das Muster des Nockenwellensignals und die Motorabstellposition ausgewertet. Dadurch ist eine schnelle Synchronisation möglich.

Die Hauptfunktion *Operating Data Temperature Measurement* (OTM, Temperaturerfassung) verarbeitet die von Temperatursensoren zur Verfügung gestellten Messsignale, führt eine Plausibilisierung durch und stellt im Fehlerfall Ersatzwerte bereit. Neben der Motor- und der Ansauglufttemperatur werden optional auch die Umgebungstemperatur und die Motoröltemperatur erfasst. Mit anschließender Kennlinienumrechnung wird den eingelesenen Spannungswerten ein Temperaturmesswert zugewiesen.

Die Hauptfunktion *Operating Data Battery Voltage* (OBV, Batteriespannungserfassung) ist für die Bereitstellung der Versorgungsspannungssignale und deren Diagnose zuständig. Die Erfassung des Rohsignals erfolgt über die Klemme 15 und gegebenenfalls über das Hauptrelais.

Die Hauptfunktion *Misfire Detection Irregular Running* (OMI, Aussetzererkennung) überwacht den Motor auf Zünd- und Verbrennungsaussetzer.

Die Hauptfunktion *Operating Data Vehicle Speed* (OVS, Erfassung Fahrzeuggeschwindigkeit) ist für die Erfassung, Aufbereitung und Diagnose des Fahrgeschwindigkeitssignals zuständig. Diese Größe wird u. a. für die Fahrgeschwindigkeitsregelung, die Geschwindigkeitsbegrenzung und beim Handschalter für die Gangerkennung benötigt. Je nach Konfiguration besteht die Möglichkeit, die vom Kombiinstrument bzw. vom ABS- oder vom ESP-Steuergerät über den CAN gelieferten Größen zu verwenden.

Communication
Im Subsystem *Communication (CO, Kommunikation)* werden sämtliche Motorsteuerungs-Hauptfunktionen zusammengefasst, die mit anderen Systemen kommunizieren.

Die Hauptfunktion *Communication User Interface* (COU, Kommunikationsschnittstelle) stellt die Verbindung mit Diagnose- (z. B. Motortester) und Applikationsgeräten her. Die Kommunikation erfolgt über die CAN-Schnittstelle oder die K-Leitung. Für die verschiedenen Anwendungen stehen unterschiedliche Kommunikationsprotokolle zur Verfügung (z. B. KWP 2000, McMess).

Die Hauptfunktion *Communication Vehic-*

le Interface (COV, Datenbuskommunikation) stellt die Kommunikation mit anderen Steuergeräten, Sensoren und Aktoren sicher.

Die Hauptfunktion *Communication Security Access (COS, Kommunikation Wegfahrsperre)* baut die Kommunikation mit der Wegfahrsperre auf und ermöglicht – optional – die Zugriffssteuerung für eine Umprogrammierung des Flash-EPROM.

Accessory Control

Das Subsystem *Accessory Control* (AC) steuert die Nebenaggregate.

Die Hauptfunktion *Accessory Control Air Condition* (ACA, Klimasteuerung) regelt die Ansteuerung des Klimakompressors und wertet das Signal des Drucksensors in der Klimaanlage aus. Der Klimakompressor wird eingeschaltet, wenn z. B. über einen Schalter eine Anforderung vom Fahrer oder vom Klimasteuergerät vorliegt. Dieses meldet der Motorsteuerung, dass der Klimakompressor eingeschaltet werden soll. Kurze Zeit danach wird er eingeschaltet und der Leistungsbedarf des Klimakompressors wird durch die Drehmomentstruktur bei der Bestimmung des Soll-Drehmoments des Motors berücksichtigt.

Die Hauptfunktion *Accessory Control Fan Control* (ACF, Lüftersteuerung) steuert den Lüfter bedarfsgerecht an und erkennt Fehler am Lüfter und an der Ansteuerung. Wenn der Motor nicht läuft, kann es bei Bedarf einen Lüfternachlauf geben.

Die Hauptfunktion *Accessory Control Thermal Management* (ACT, Thermomanagement) regelt die Motortemperatur in Abhängigkeit des Betriebszustands des Motors. Die Soll-Motortemperatur wird in Abhängigkeit der Motorleistung, der Fahrgeschwindigkeit, des Betriebszustands des Motors und der Umgebungstemperatur ermittelt, damit der Motor schneller seine Betriebstemperatur erreicht und dann ausreichend gekühlt wird. In Abhängigkeit des Sollwerts wird der Kühlmittelvolumenstrom durch den Kühler berechnet und z. B. ein Kennfeldthermostat angesteuert.

Die Hauptfunktion *Accessory Control Electrical Machines* (ACE) ist für die Ansteuerung der elektrischen Aggregate (Starter, Generator) zuständig.

Aufgabe der Hauptfunktion *Accessory Control Steering* (ACS) ist die Ansteuerung der Lenkhilfepumpe.

Monitoring

Das Subsystem *Monitoring* (MO) dient zur Überwachung des Motorsteuergeräts.

Die Hauptfunktion *Function Monitoring* (MOF, Funktionsüberwachung) überwacht alle drehmoment- und drehzahlbestimmenden Elemente der Motorsteuerung. Zentraler Bestandteil ist der Momentenvergleich, der das aus dem Fahrerwunsch errechnete zulässige Moment mit dem aus den Motorgrößen berechneten Ist-Moment vergleicht. Bei zu großem Ist-Moment wird durch geeignete Maßnahmen ein beherrschbarer Zustand sichergestellt.

In der Hauptfunktion *Monitoring Module* (MOM, Überwachungsmodul) sind alle Überwachungsfunktionen zusammengefasst, die zur gegenseitigen Überwachung von Funktionsrechner und Überwachungsmodul beitragen oder diese ausführen. Funktionsrechner und Überwachungsmodul sind Bestandteil des Steuergeräts. Ihre gegenseitige Überwachung erfolgt durch eine ständige Frage-und-Antwort-Kommunikation.

In der Hauptfunktion *Microcontroller Monitoring* (MOC, Rechnerüberwachung) sind alle Überwachungsfunktionen zusammengefasst, die einen Defekt oder eine Fehlfunktion des Rechnerkerns mit Peripherie erkennen können. Beispiele hierfür sind:
- Analog-Digital-Wandler-Test,
- Speichertest für RAM und ROM,
- Programmablaufkontrolle,
- Befehlstest.

Die Hauptfunktion *Extended Monitoring*
(MOX) beinhaltet Funktionen zur erweiterten Funktionsüberwachung. Diese legen das
plausible Maximaldrehmoment fest, das der
Motor abgeben kann.

Diagnostic System
Die Komponenten- sowie System-Diagnose
wird in den Hauptfunktionen der Subsysteme durchgeführt. Das *Diagnostic System*
(DS, Diagnosesystem) übernimmt die Koordination der verschiedenen Diagnoseergeb-
nisse.

Aufgabe des *Diagnostic System Manager*
(DSM) ist es,
- die Fehler zusammen mit den Umweltbedingungen zu speichern,
- die Motorkontrollleuchte anzusteuern,
- die Testerkommunikation aufzubauen,
- den Ablauf der verschiedenen Diagnosefunktionen zu koordinieren (Prioritäten
  und Sperrbedingungen beachten) und
  Fehler zu bestätigen.

Diagnose

Die Zunahme der Elektronik im Kraftfahrzeug, die Nutzung von Software zur Steuerung des Fahrzeugs und die erhöhte Komplexität moderner Einspritzsysteme stellen hohe Anforderungen an das Diagnosekonzept, die Überwachung im Fahrbetrieb (On-Board-Diagnose) und die Werkstattdiagnose. Basis der Werkstattdiagnose ist die geführte Fehlersuche, die verschiedene Möglichkeiten von Onboard- und Offboard-Prüfmethoden und Prüfgeräten verknüpft. Im Zuge der Verschärfung der Abgasgesetzgebung und der Forderung nach laufender Überwachung hat auch der Gesetzgeber die On-Board-Diagnose als Hilfsmittel zur Abgasüberwachung erkannt und eine herstellerunabhängige Standardisierung geschaffen. Dieses zusätzlich installierte System wird OBD-System (On Board Diagnostic System) genannt.

Überwachung im Fahrbetrieb – On-Board-Diagnose

Übersicht
Die im Steuergerät integrierte Diagnose gehört zum Grundumfang elektronischer Motorsteuerungssysteme. Neben der Selbstprüfung des Steuergeräts werden Ein- und Ausgangssignale sowie die Kommunikation der Steuergeräte untereinander überwacht. Überwachungsalgorithmen überprüfen während des Betriebs die Eingangs- und Ausgangssignale sowie das Gesamtsystem mit allen relevanten Funktionen auf Fehlverhalten und Störung. Die dabei erkannten Fehler werden im Fehlerspeicher des Steuergeräts abgespeichert. Bei der Fahrzeuginspektion in der Kundendienstwerkstatt werden die gespeicherten Informationen über eine Schnittstelle ausgelesen und ermöglichen so eine schnelle und sichere Fehlersuche und Reparatur.

Überwachung der Eingangssignale
Die Sensoren, Steckverbinder und Verbindungsleitungen (im Signalpfad) zum Steuergerät (Bild 1) werden anhand der ausgewerteten Eingangssignale überwacht. Mit diesen Überprüfungen können neben Sensorfehlern auch Kurzschlüsse zur Batteriespannung U_B und zur Masse sowie Leitungsunterbrechungen festgestellt werden. Hierzu werden folgende Verfahren angewandt:
- Überwachung der Versorgungsspannung des Sensors (falls vorhanden),
- Überprüfung des erfassten Wertes auf den zulässigen Wertebereich (z. B. 0,5…4,5 V),
- Plausibilitätsprüfung der gemessenen Werte mit Modellwerten (Nutzung analytischer Redundanz),
- Plausibilitätsprüfung der gemessenen Werte eines Sensors durch direkten Vergleich mit Werten eines zweiten Sensors (Nutzung physikalischer Redundanz, z. B. bei wichtigen Sensoren wie dem Fahrpedalsensor).

Überwachung der Ausgangssignale
Die vom Steuergerät über Endstufen angesteuerten Aktoren (Bild 1) werden überwacht. Mit den Überwachungsfunktionen werden neben Aktorfehlern auch Leitungsunterbrechungen und Kurzschlüsse erkannt. Hierzu werden folgende Verfahren angewandt: Einerseits erfolgt die Überwachung des Stromkreises eines Ausgangssignals durch die Endstufe. Der Stromkreis wird auf Kurzschlüsse zur Batteriespannung U_B, zur Masse und auf Unterbrechung überwacht. Andererseits werden die Systemauswirkungen des Aktors direkt oder indirekt durch eine Funktions- oder Plausibilitätsüberwachung erfasst. Die Aktoren des Systems, z. B. das Abgasrückführventil, die Drosselklappe oder die Drallklappe, werden indirekt über die Regelkreise (z. B. auf permanente Regelabweichung) und teilweise zusätzlich über

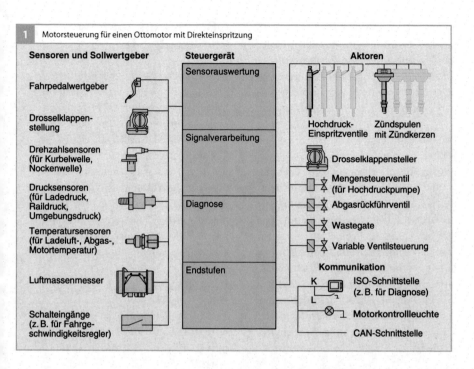

1 Motorsteuerung für einen Ottomotor mit Direkteinspritzung

Sensoren und Sollwertgeber

Fahrpedalwertgeber

Drosselklappen-
stellung

Drehzahlsensoren
(für Kurbelwelle,
Nockenwelle)

Drucksensoren
(für Ladedruck,
Raildruck,
Umgebungsdruck)

Temperatursensoren
(für Ladeluft-, Abgas-,
Motortemperatur)

Luftmassenmesser

Schalteingänge
(z. B. für Fahrge-
schwindigkeitsregler)

Steuergerät

Sensorauswertung

Signalverarbeitung

Diagnose

Endstufen

Aktoren

Hochdruck-   Zündspulen
Einspritzventile   mit Zündkerzen

Drosselklappensteller

Mengensteuerventil
(für Hochdruckpumpe)

Abgasrückführventil

Wastegate

Variable Ventilsteuerung

Kommunikation

K   ISO-Schnittstelle
         (z. B. für Diagnose)
L

Motorkontrollleuchte

CAN-Schnittstelle

Lagesensoren (z. B. die Stellung der Drallklappe) überwacht.

Überwachung der internen Steuergeräte-funktionen

Damit die korrekte Funktionsweise des Steuergeräts jederzeit sichergestellt ist, sind im
Steuergerät Überwachungsfunktionen in
Hardware (z. B. in „intelligenten" Endstufen-
bausteinen) und in Software realisiert. Die
Überwachungsfunktionen überprüfen die
einzelnen Bauteile des Steuergeräts (z. B.
Mikrocontroller, Flash-EPROM, RAM). Viele Tests werden sofort nach dem Einschalten
durchgeführt. Weitere Überwachungsfunktionen werden während des normalen Betriebs durchgeführt und in regelmäßigen
Abständen wiederholt, damit der Ausfall eines Bauteils auch während des Betriebs erkannt wird. Testabläufe, die sehr viel Rech-
nerkapazität erfordern oder aus anderen
Gründen nicht im Fahrbetrieb erfolgen kön-

nen, werden im Nachlauf nach „Motor aus"
durchgeführt. Auf diese Weise werden die
anderen Funktionen nicht beeinträchtigt.
Beim Common-Rail-System für Dieselmotoren werden im Hochlauf oder im Nachlauf
z. B. die Abschaltpfade der Injektoren getestet. Beim Ottomotor wird im Nachlauf z. B.
das Flash-EPROM geprüft.

Überwachung der Steuergeräte-kommunikation

Die Kommunikation mit den anderen Steuergeräten findet in der Regel über den CAN-
Bus statt. Im CAN-Protokoll sind Kontroll-
mechanismen zur Störungserkennung
integriert, sodass Übertragungsfehler schon
im CAN-Baustein erkannt werden können.
Darüber hinaus werden im Steuergerät weitere Überprüfungen durchgeführt. Da die
meisten CAN-Botschaften in regelmäßigen
Abständen von den jeweiligen Steuergeräten
versendet werden, kann z. B. der Ausfall ei-

nes CAN-Controllers in einem Steuergerät mit der Überprüfung dieser zeitlichen Abstände detektiert werden. Zusätzlich werden die empfangenen Signale bei Vorliegen von redundanten Informationen im Steuergerät durch entsprechenden Vergleich überprüft.

Fehlerbehandlung

Fehlererkennung

Ein Signalpfad wird als endgültig defekt eingestuft, wenn ein Fehler über eine definierte Zeit vorliegt. Bis zur Defekteinstufung wird der zuletzt als gültig erkannte Wert im System verwendet. Mit der Defekteinstufung wird in der Regel eine Ersatzfunktion eingeleitet (z. B. Motortemperatur-Ersatzwert $T = 90\,°C$). Für die meisten Fehler ist eine Intakt-Erkennung während des Fahrzeugbetriebs möglich. Hierzu muss der Signalpfad für eine definierte Zeit als intakt erkannt werden.

Fehlerspeicherung

Jeder Fehler wird im nichtflüchtigen Bereich des Datenspeichers in Form eines Fehlercodes abgespeichert. Der Fehlercode beschreibt auch die Fehlerart (z. B. Kurzschluss, Leitungsunterbrechung, Plausibilität, Wertebereichsüberschreitung). Zu jedem Fehlereintrag werden zusätzliche Informationen gespeichert, z. B. die Betriebs- und Umweltbedingungen (Freeze Frame), die bei Auftreten des Fehlers herrschten (z. B. Motordrehzahl, Motortemperatur).

Notlauffunktionen

Bei Erkennen eines Fehlers können neben Ersatzwerten auch Notlaufmaßnahmen (z. B. Begrenzung der Motorleistung oder -drehzahl) eingeleitet werden. Diese Maßnahmen dienen der Erhaltung der Fahrsicherheit, der Vermeidung von Folgeschäden oder der Begrenzung von Abgasemissionen.

OBD-System für Pkw und leichte Nfz

Damit die vom Gesetzgeber geforderten Emissionsgrenzwerte auch im Alltag eingehalten werden, müssen das Motorsystem und die Komponenten ständig überwacht werden. Deshalb wurden – beginnend in Kalifornien – Regelungen zur Überwachung der abgasrelevanten Systeme und Komponenten erlassen. Damit wird die herstellerspezifische On-Board-Diagnose (OBD) hinsichtlich der Überwachung emissionsrelevanter Komponenten und Systeme standardisiert und weiter ausgebaut.

Gesetzgebung

OBD I (CARB)

1988 trat in Kalifornien mit der OBD I die erste Stufe der CARB-Gesetzgebung (California Air Resources Board) in Kraft. Diese erste OBD-Stufe verlangt die Überwachung abgasrelevanter elektrischer Komponenten (Kurzschlüsse, Leitungsunterbrechungen) und die Abspeicherung der Fehler im Fehlerspeicher des Steuergeräts sowie eine Motorkontrollleuchte (Malfunction Indicator Lamp, MIL), die dem Fahrer erkannte Fehler anzeigt. Außerdem muss mit Onboard-Mitteln (z. B. Blinkcode über eine Kontrollleuchte) ausgelesen werden können, welche Komponente ausgefallen ist.

OBD II (CARB)

1994 wurde mit OBD II die zweite Stufe der Diagnosegesetzgebung in Kalifornien eingeführt. Für Fahrzeuge mit Dieselmotoren wurde OBD II ab 1996 Pflicht. Zusätzlich zu dem Umfang OBD I wird nun auch die Funktionalität des Systems überwacht (z. B. durch Prüfung von Sensorsignalen auf Plausibilität). Die OBD II verlangt, dass alle abgasrelevanten Systeme und Komponenten, die bei Fehlfunktion zu einer Erhöhung der schädlichen Abgasemissionen (und damit zur Überschreitung der OBD-Grenzwerte) führen können, überwacht werden. Zusätzlich sind auch alle Komponenten, die zur Überwachung emissionsrelevanter Komponenten eingesetzt werden oder die das Diagnoseergebnis beeinflussen können, zu überwachen.

Für alle zu überprüfenden Komponenten und Systeme müssen die Diagnosefunktionen in der Regel mindestens einmal im Abgas-Testzyklus (z. B. FTP 75, Federal Test Procedure) durchlaufen werden. Die OBD-II-Gesetzgebung schreibt ferner eine Normung der Fehlerspeicherinformation und des Zugriffs darauf (Stecker, Kommunikation) nach ISO-15031 und den entsprechenden SAE-Normen (Society of Automotive Engineers) vor. Dies ermöglicht das Auslesen des Fehlerspeichers über genormte, frei käufliche Tester (Scan-Tools).

Erweiterungen der OBD II
Ab Modelljahr 2004
Seit Einführung der OBD II wurde das Gesetz in mehreren Stufen (Updates) überarbeitet. Seit Modelljahr 2004 ist die Aktualisierung der CARB OBD II zu erfüllen, welche neben verschärften und zusätzlichen funktionalen Anforderungen auch die Überprüfung der Diagnosehäufigkeit ab Modelljahr 2005 im Alltag (In Use Monitor Performance Ratio, IUMPR) erfordert.

Ab Modelljahr 2007
Die letzte Überarbeitung gilt ab Modelljahr 2007. Neue Anforderungen für Ottomotoren sind im Wesentlichen die Diagnose zylinderindividueller Gemischvertrimmung (Air-Fuel-Imbalance), erweiterte Anforderungen an die Diagnose der Kaltstartstrategie sowie die permanente Fehlerspeicherung, die auch für Dieselsysteme gilt.

Ab Modelljahr 2014
Für diese erfolgt eine erneute Überarbeitung des Gesetzes (Biennial Review) durch den Gesetzgeber. Es gibt generell auch konkrete Überlegungen, die OBD-Anforderungen hinsichtlich der Erkennung von CO_2-erhöhenden Fehlern zu erweitern. Zudem ist mit einer Präzisierung der Anforderungen für Hybrid-Fahrzeuge zu rechnen. Voraussichtlich tritt diese Erweiterung ab Modelljahr 2014 oder 2015 sukzessive in Kraft.

EPA-OBD
In den übrigen US-Bundesstaaten, welche die kalifornische OBD-Gesetzgebung nicht anwenden, gelten seit 1994 die Gesetze der Bundesbehörde EPA (Environmental Protection Agency). Der Umfang dieser Diagnose entspricht im Wesentlichen der CARB-Gesetzgebung (OBD II). Ein CARB-Zertifikat wird von der EPA anerkannt.

EOBD
Die auf europäische Verhältnisse angepasste OBD wird als EOBD (europäische OBD) bezeichnet und lehnt sich an die EPA-OBD an. Die EOBD gilt seit Januar 2000 für Pkw und leichte Nfz (bis zu 3,5 t und bis zu 9 Sitzplätzen) mit Ottomotoren. Neue Anforderungen an die EOBD für Otto- und Diesel-Pkw wurden im Rahmen der Emissions- und OBD-Gesetzgebung Euro 5/6 verabschiedet (OBD-Stufen: Euro 5 ab September 2009; Euro 5+ ab September 2011, Euro 6-1 ab September 2014 und Euro 6-2 ab September 2017).

Eine generelle neue Anforderung für Otto- und Diesel-Pkw ist die Überprüfung der Diagnosehäufigkeit im Alltag (In-Use-Performance-Ratio) in Anlehnung an die CARB-OBD-Gesetzgebung (IUMPR) ab Euro 5+ (September 2011). Für Ottomotoren erfolgte mit der Einführung von Euro 5 ab September 2009 primär die Absenkung der OBD-Grenzwerte. Zudem wurde neben einem Partikelmassen-OBD-Grenzwert (nur für direkteinspritzende Motoren) auch ein NMHC-OBD-Grenzwert (Kohlenwasserstoffe außer Methan, anstelle des bisherigen HC) eingeführt. Direkte funktionale OBD-Anforderungen resultieren in der Überwachung des Dreiwegekatalysators auf NMHC. Ab September 2011 gilt die Stufe Euro 5+ mit unveränderten OBD-Grenzwerten gegenüber Euro 5. Wesentliche funktionale Anforderungen an die EOBD sind die zusätzliche Überwachung des Dreiwegekatalysators auf NO_x. Mit Euro 6-1 ab September 2014 und Euro 6-2 ab September 2017 ist eine weitere zweistufige Reduzierung einiger OBD-Grenzwerte beschlossen worden (siehe Tabelle 1), wobei für Euro 6-2 noch eine Revision der Werte bis September 2014 möglich ist.

Andere Länder
Einige andere Länder haben die EU- oder die US-OBD-Gesetzgebung bereits übernommen oder planen deren Einführung (z. B. China, Russland, Südkorea, Indien, Brasilien, Australien).

Anforderungen an das OBD-System
Alle Systeme und Komponenten im Kraftfahrzeug, deren Ausfall zu einer Verschlechterung der im Gesetz festgelegten Abgasprüfwerte führt, müssen vom Motorsteuergerät durch geeignete Maßnahmen überwacht werden. Führt ein vorliegender Fehler zum Überschreiten der OBD-Grenzwerte, so muss dem Fahrer das Fehlverhalten über die Motorkontrollleuchte angezeigt werden.

Grenzwerte
Die US-OBD II (CARB und EPA) sieht OBD-Schwellen vor, die relativ zu den Emissionsgrenzwerten definiert sind. Damit ergeben sich für die verschiedenen Abgaskategorien, nach denen die Fahrzeuge zertifiziert sind (z. B. LEV, ULEV, SULEV, etc.), unterschiedliche zulässige OBD-Grenzwerte. Bei der für die europäische Gesetzgebung geltenden EOBD sind absolute Grenzwerte verbindlich (Tabelle 1).

Anforderungen an die Funktionalität
Bei der On-Board-Diagnose müssen alle Eingangs- und Ausgangssignale des Steuergeräts sowie die Komponenten selbst überwacht werden. Die Gesetzgebung fordert die elektrische Überwachung (Kurzschluss, Leitungsunterbrechung) sowie eine Plausibilitätsprüfung für Sensoren und eine Funktionsüberwachung für Aktoren. Die Schadstoffkonzentration, die durch den Ausfall einer Komponente zu erwarten ist (kann im Abgaszyklus gemessen werden), sowie die teilweise im

Tabelle 1
OBD-Grenzwerte für Otto-Pkw
NMHC Kohlenwasserstoffe außer Methan,
PM   Partikelmasse,
CO   Kohlenmonoxid,
NO_x Stickoxide.

Die Grenzwerte für EU 5 gelten ab September 2009, für EU 6-1 ab September 2014 und für EU 6-2 ab September 2017. Bei EU 6-2 handelt es sich um einen EU-Kommissionsvorschlag. Die endgültige Festlegung erfolgt bis September 2014. Der Grenzwert bezüglich Partikelmasse ab EU 5 gilt nur für Direkteinspritzung.

OBD-Gesetz	OBD-Grenzwerte		
CARB	– Relative Grenzwerte – Meist 1,5-facher Grenzwert der jeweiligen Abgaskategorie		
EPA (US-Federal)	– Relative Grenzwerte – Meist 1,5-facher Grenzwert der jeweiligen Abgaskategorie		
EOBD	– Absolute Grenzwerte		
	EU 5	EU 6-1	EU 6-2
	CO: 1 900 mg/km NMHC: 250 mg/km NO_x: 300 mg/km PM: 50 mg/km	CO: 1 900 mg/km NMHC: 170 mg/km NO_x: 150 mg/km PM: 25 mg/km	CO: 1 900 mg/km NMHC: 170 mg/km NO_x: 90 mg/km PM: 12 mg/km

Gesetz geforderte Art der Überwachung bestimmt auch die Art der Diagnose. Ein einfacher Funktionstest (Schwarz-Weiß-Prüfung) prüft nur die Funktionsfähigkeit des Systems oder der Komponenten, z. B. ob die Drallklappe öffnet und schließt. Die umfangreiche Funktionsprüfung macht eine genauere Aussage über die Funktionsfähigkeit des Systems und bestimmt gegebenenfalls auch den quantitativen Einfluss der defekten Komponente auf die Emissionen. So muss bei der Überwachung der adaptiven Einspritzfunktionen (z. B. Nullmengenkalibrierung beim Dieselmotor oder λ-Adaption beim Ottomotor) die Grenze der Adaption überwacht werden. Die Komplexität der Diagnosen hat mit der Entwicklung der Abgasgesetzgebung ständig zugenommen.

Motorkontrollleuchte
Die Motorkontrollleuchte weist den Fahrer auf das fehlerhafte Verhalten einer Komponente hin. Bei einem erkannten Fehler wird sie im Geltungsbereich von CARB und EPA im zweiten Fahrzyklus mit diesem Fehler eingeschaltet. Im Geltungsbereich der EOBD muss sie spätestens im dritten Fahrzyklus mit erkanntem Fehler eingeschaltet werden. Verschwindet ein Fehler wieder (z. B. ein Wackelkontakt), so bleibt der Fehler im Fehlerspeicher noch 40 Fahrten (Warm up Cycles) eingetragen. Die Motorkontrollleuchte wird nach drei fehlerfreien Fahrzyklen wieder ausgeschaltet. Bei Fehlern, die beim Ottomotor zu einer Schädigung des Katalysators führen können (z. B. Verbrennungsaussetzer), blinkt die Motorkontrollleuchte.

Kommunikation mit dem Scan-Tool
Die OBD-Gesetzgebung schreibt eine Standardisierung der Fehlerspeicherinformation und des Zugriffs darauf (Stecker, Kommunikationsschnittstelle) nach der ISO-15031-

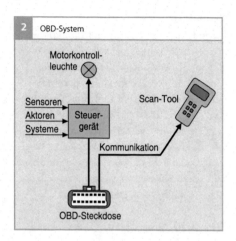

2 OBD-System

Motorkontroll-leuchte ⊗

Sensoren
Aktoren   Steuer-
Systeme   gerät

Scan-Tool

Kommunikation

OBD-Steckdose

Norm und den entsprechenden SAE-Normen vor. Dies ermöglicht das Auslesen des Fehlerspeichers über genormte, frei käufliche Tester (Scan-Tools, Bild 2). Ab 2008 ist nach der CARB-Gesetzgebung und ab 2014 nach der EU-Gesetzgebung nur noch die Diagnose über CAN (nach der ISO-15765) erlaubt.

Fahrzeugreparatur
Mit Hilfe des Scan-Tools können die emissionsrelevanten Fehlerinformationen von jeder Werkstatt aus dem Steuergerät ausgelesen werden. So werden auch herstellerunabhängige Werkstätten in die Lage versetzt, eine Reparatur durchzuführen. Zur Sicherstellung einer fachgerechten Reparatur werden die Hersteller verpflichtet, notwendige Werkzeuge und Informationen gegen eine angemessene Bezahlung zur Verfügung zu stellen (z. B. Reparaturanleitungen im Internet).

Einschaltbedingungen
Die Diagnosefunktionen werden nur dann abgearbeitet, wenn die physikalischen Einschaltbedingungen erfüllt sind. Hierzu gehören z. B. Drehmomentschwellen, Motortemperaturschwellen und Drehzahlschwellen oder -grenzen.

Sperrbedingungen

Diagnosefunktionen und Motorfunktionen können nicht immer gleichzeitig arbeiten. Es gibt Sperrbedingungen, die die Durchführung bestimmter Funktionen unterbinden. Beispielsweise kann die Tankentlüftung (mit Kraftstoffverdunstungs-Rückhaltesystem) des Ottomotors nicht arbeiten, wenn die Katalysatordiagnose in Betrieb ist. Beim Dieselmotor kann der Luftmassenmesser nur dann hinreichend überwacht werden, wenn das Abgasrückführventil geschlossen ist.

Temporäres Abschalten von Diagnosefunktionen

Um Fehldiagnosen zu vermeiden, dürfen die Diagnosefunktionen unter bestimmten Voraussetzungen abgeschaltet werden. Beispiele hierfür sind große Höhe, niedrige Umgebungstemperatur bei Motorstart oder niedrige Batteriespannung.

Readiness-Code

Für die Überprüfung des Fehlerspeichers ist es von Bedeutung, zu wissen, dass die Diagnosefunktionen wenigstens ein Mal abgearbeitet wurden. Das kann durch Auslesen der Readiness-Codes (Bereitschaftscodes) über die Diagnoseschnittstelle überprüft werden. Diese Readiness-Codes werden für die wichtigsten überwachten Komponenten gesetzt, wenn die entsprechenden gesetzesrelevanten Diagnosen abgeschlossen sind.

Diagnose-System-Manager

Die Diagnosefunktionen für alle zu überprüfenden Komponenten und Systeme müssen im Fahrbetrieb, jedoch mindestens einmal im Abgas-Testzyklus (z. B. FTP 75, NEFZ) durchlaufen werden. Der Diagnose-System-Manager (DSM) kann die Reihenfolge für die Abarbeitung der Diagnosefunktionen je nach Fahrzustand dynamisch verändern. Ziel dabei ist, dass alle Diagnosefunktionen auch im täglichen Fahrbetrieb häufig ablaufen.

Der Diagnose-System Manager besteht aus den Komponenten Diagnose-Fehlerpfad-Management zur Speicherung von Fehlerzuständen und zugehörigen Umweltbedingungen (Freeze Frames), Diagnose-Funktions-Scheduler zur Koordination der Motor- und Diagnosefunktionen und dem Diagnose-Validator zur zentralen Entscheidung bei erkannten Fehlern über ursächlichen Fehler oder Folgefehler. Alternativ zum Diagnose-Validator gibt es auch Systeme mit dezentraler Validierung, d. h., die Validierung erfolgt in der Diagnosefunktion.

Rückruf

Erfüllen Fahrzeuge die gesetzlichen OBD-Forderungen nicht, kann der Gesetzgeber auf Kosten der Fahrzeughersteller Rückrufaktionen anordnen.

OBD-Funktionen

Übersicht

Während die EOBD nur bei einzelnen Komponenten die Überwachung im Detail vorschreibt, sind die spezifischen Anforderungen bei der CARB-OBD II wesentlich detaillierter. Die folgende Liste stellt den derzeitigen Stand der CARB-Anforderungen (ab Modelljahr 2010) für Pkw-Ottofahrzeuge dar. Mit (E) sind die Anforderungen markiert, die auch in der EOBD-Gesetzgebung detaillierter beschrieben sind:

- Katalysator (E), beheizter Katalysator,
- Verbrennungsaussetzer (E),
- Kraftstoffverdunstungs-Minderungssystem (Tankleckdiagnose, bei (E) zumindest die elektrische Prüfung des Tankentlüftungsventils),
- Sekundärlufteinblasung,
- Kraftstoffsystem,

- Abgassensoren (λ-Sonden (E), NO_x-Sensoren (E), Partikelsensor),
- Abgasrückführsystem (E),
- Kurbelgehäuseentlüftung,
- Motorkühlsystem,
- Kaltstartemissionsminderungssystem,
- Klimaanlage (bei Einfluss auf Emissionen oder OBD),
- variabler Ventiltrieb (derzeit nur bei Ottomotoren im Einsatz),
- direktes Ozonminderungssystem,
- sonstige emissionsrelevante Komponenten und Systeme (E), Comprehensive Components
- IUMPR (In-Use-Monitor-Performance-Ratio) zur Prüfung der Durchlaufhäufigkeit von Diagnosefunktionen im Alltag (E).

Sonstige emissionsrelevante Komponenten und Systeme sind die in dieser Aufzählung nicht genannten Komponenten und Systeme, deren Ausfall zur Erhöhung der Abgasemissionen (CARB OBD II), zur Überschreitung der OBD-Grenzwerte (CARB OBD II und EOBD) oder zur negativen Beeinflussung des Diagnosesystems (z. B. durch Sperrung anderer Diagnosefunktionen) führen kann. Bei der Durchlaufhäufigkeit von Diagnosefunktionen müssen Mindestwerte eingehalten werden.

Katalysatordiagnose

Der Dreiwegekatalysator hat die Aufgabe, die bei der Verbrennung des Luft-Kraftstoff-Gemischs entstehenden Schadstoffe CO, NO_x und HC zu konvertieren. Durch Alterung oder Schädigung (thermisch oder durch Vergiftung) nimmt die Konvertierungsleistung ab. Deshalb muss die Katalysatorwirkung überwacht werden.

Ein Maß für die Konvertierungsleistung des Katalysators ist seine Sauerstoff-Speicherfähigkeit (Oxygen Storage Capacity). Bislang konnte bei allen Beschichtungen von Dreiwegekatalysatoren (Trägerschicht „Wash-Coat" mit Ceroxiden als sauerstoffspeichernde Komponenten und Edelmetallen als eigentlichem Katalysatormaterial) eine Korrelation dieser Speicherfähigkeit zur Konvertierungsleistung nachgewiesen werden.

Die primäre Gemischregelung erfolgt mithilfe einer λ-Sonde vor dem Katalysator nach dem Motor. Bei heutigen Motorkonzepten ist eine weitere λ-Sonde hinter dem Katalysator angebracht, die zum einen der Nachregelung der primären λ-Sonde dient, zum anderen für die OBD genutzt wird. Das Grundprinzip der Katalysatordiagnose ist dabei der Vergleich der Sondensignale vor und hinter dem betrachteten Katalysator.

Diagnose von Katalysatoren mit geringer Sauerstoff-Speicherfähigkeit
Die Diagnose von Katalysatoren mit geringer Sauerstoff-Speicherfähigkeit erfolgt vorwiegend mit dem „passiven Amplituden-Modellierungs-Verfahren" (siehe **Bild 3**). Das Diagnoseverfahren beruht auf der Bewertung der Sauerstoffspeicherfähigkeit des Katalysators. Der Sollwert der λ-Regelung wird mit definierter Frequenz und Amplitude moduliert. Es wird die Sauerstoffmenge berechnet, die durch mageres ($\lambda > 1$) oder fettes Gemisch ($\lambda < 1$) in den Sauerstoffspeicher eines Katalysators aufgenommen oder diesem entnommen wird. Die Amplitude der λ-Sonde hinter dem Katalysator ist stark abhängig von der Sauerstoff-Wechselbelastung (abwechselnd Mangel und Überschuss) des Katalysators. Angewandt wird diese Berechnung auf den Sauerstoffspeicher (OSC, Oxygen Storage Component) des Grenzkatalysators. Die Änderung der Sauerstoffkonzentration im Abgas hinter dem Katalysator wird modelliert. Dem liegt die Annahme zugrunde, dass der den Katalysator verlassende Sauerstoff proportional zum Füllstand des Sauerstoffspeichers ist.

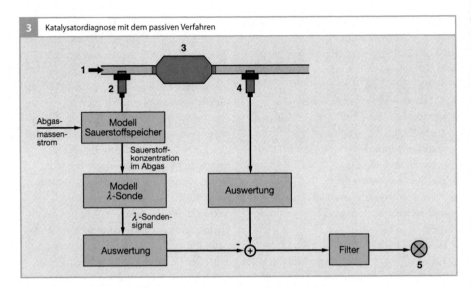

Bild 3
1 Abgasmassenstrom
   vom Motor
2 λ-Sonde
3 Katalysator
4 λ-Sonde
5 Motorkontroll-
   leuchte

Durch diese Berechnung ist es möglich, das aufgrund der Änderung der Sauerstoffkonzentration resultierende Sondensignal nachzubilden. Die Schwankungshöhe dieses nachgebildeten Sondensignals wird nun mit der Schwankungshöhe des tatsächlichen Sondensignals verglichen. Solange das gemessene Sondensignal eine geringere Schwankungshöhe aufweist als das nachgebildete, besitzt der Katalysator eine höhere Sauerstoffspeicherfähigkeit als der nachgebildete Grenzkatalysator. Übersteigt die Schwankungshöhe des gemessenen Sondensignals diejenige des nachgebildeten Grenzkatalysators, so ist der Katalysator als defekt anzuzeigen.

Diagnose von Katalysatoren mit hoher Sauerstoff-Speicherfähigkeit
Zur Diagnose von Katalysatoren mit hoher Sauerstoffspeicherfähigkeit wird vorwiegend das „aktive Verfahren" bevorzugt (siehe Bild 4). Infolge der hohen Sauerstoffspeicherfähigkeit wird die Modulation des Regelsollwerts auch bei geschädigtem Katalysator noch sehr stark gedämpft. Deshalb ist die

Änderung der Sauerstoffkonzentration hinter dem Katalysator für eine passive Auswertung, wie bei dem zuvor beschriebenen passiven Verfahren, zu gering, sodass ein Diagnoseverfahren mit einem aktiven Eingriff in die λ-Regelung erforderlich ist.

Die Katalysator-Diagnose beruht auf der direkten Messung der Sauerstoff-Speicherung beim Übergang von fettem zu magerem Gemisch. Vor dem Katalysator ist eine stetige Breitband-λ-Sonde eingebaut, die den Sauerstoffgehalt im Abgas misst. Hinter dem Katalysator befindet sich eine Zweipunkt-λ-Sonde, die den Zustand des Sauerstoffspeichers detektiert. Die Messung wird in einem stationären Betriebspunkt im unteren Teillastbereich durchgeführt.

In einem ersten Schritt wird der Sauerstoffspeicher durch fettes Abgas ($\lambda < 1$) vollständig entleert. Das Sondensignal der hinteren Sonde zeigt dies durch eine entsprechend hohe Spannung (ca. 650 mV) an. Im nächsten Schritt wird auf mageres Abgas ($\lambda > 1$) umgeschaltet und die eingetragene Sauerstoffmasse bis zum Überlauf des Sauerstoffspeichers mithilfe des Luftmassenstroms

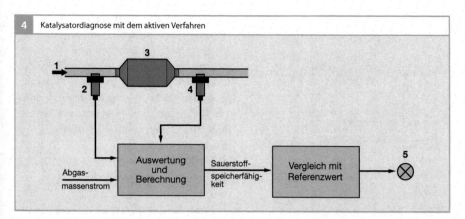

4 Katalysatordiagnose mit dem aktiven Verfahren

Bild 4
1 Abgasmassenstrom vom Motor
2 Breitband-λ-Sonde
3 Katalysator
4 Zweipunkt-λ-Sonde
5 Motorkontroll-leuchte

und des Signals der Breitband-λ-Sonde vor dem Katalysator berechnet. Der Überlauf ist durch das Absinken der Sondenspannung hinter dem Katalysator auf Werte unter 200 mV gekennzeichnet. Der berechnete Integralwert der Sauerstoffmasse gibt die Sauerstoffspeicherfähigkeit an. Dieser Wert muss einen Referenzwert überschreiten, sonst wird der Katalysator als defekt eingestuft.

Prinzipiell wäre die Auswertung auch mit der Messung der Regeneration des Sauerstoff-Speichers bei einem Übergang vom mageren zum fetten Betrieb möglich. Mit der Messung der Sauerstoff-Einspeicherung beim Fett-Mager-Übergang ergibt sich aber eine geringere Temperaturabhängigkeit und eine geringere Abhängigkeit von der Verschwefelung, sodass mit dieser Methode eine genauere Bestimmung der Sauerstoff-Speicherfähigkeit möglich ist.

Diagnose von NO$_x$-Speicherkatalysatoren
Neben der Funktion als Dreiwegekatalysator hat der für die Benzin-Direkteinspritzung erforderliche NO$_x$-Speicherkatalysator die Aufgabe, die im Magerbetrieb (bei $\lambda > 1$) nicht konvertierbaren Stickoxide zwischenzuspeichern, um sie später bei einem homogen verteilten Luft-Kraftstoff-Gemisch mit λ < 1 zu konvertieren. Die NO$_x$-Speicherfähigkeit dieses Katalysators – gekennzeichnet durch den Katalysator-Gütefaktor – nimmt durch Alterung und Vergiftung (z. B. Schwefeleinlagerung) ab. Deshalb ist eine Überwachung der Funktionsfähigkeit erforderlich. Hierfür können je eine λ-Sonde vor und hinter dem Katalysator verwendet werden. Zur Bestimmung des Katalysator-Gütefaktors wird der tatsächliche NO$_x$-Speicherinhalt mit dem Erwartungswert des NO$_x$-Speicherinhalts für einen neuen NO$_x$-Katalysator (aus einem Neukatalysator-Modell) verglichen. Der tatsächliche NO$_x$-Speicherinhalt entspricht dem gemessenen Reduktionsmittelverbrauch (HC und CO) während der Regenerierung des Katalysators. Die Menge an Reduktionsmitteln wird durch Integration des Reduktionsmittel-Massenstroms während der Regenerierphase bei $\lambda < 1$ ermittelt. Das Ende der Regenerierungsphase wird durch einen Spannungssprung der λ-Sonde hinter dem Katalysator erkannt. Alternativ kann über einen NO$_x$-Sensor der tatsächliche NO$_x$-Speicherinhalt bestimmt werden.

Verbrennungsaussetzererkennung
Der Gesetzgeber fordert die Erkennung von Verbrennungsaussetzern, die z. B. durch abgenutzte Zündkerzen auftreten können. Ein

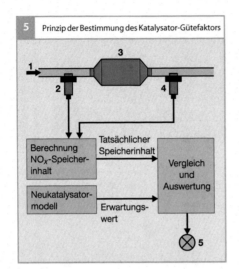

5   Prinzip der Bestimmung des Katalysator-Gütefaktors

Berechnung NO$_x$-Speicher-inhalt

Neukatalysator-modell

Tatsächlicher Speicherinhalt

Vergleich und Auswertung

Erwartungs-wert

Bild 5
1 Abgasmassenstrom
   vom Motor
2 Breitband-λ-Sonde
3 NO$_x$-Speicherkataly-
   satoren
4 Zweipunkt-λ-Sonde
   oder NO$_x$-Sensor
5 Motorkontroll-
   leuchte

Zündaussetzer verhindert das Entflammen des Luft-Kraftstoff-Gemischs im Motor, es kommt zu einem Verbrennungsaussetzer, und unverbranntes Gemisch wird in den Abgastrakt ausgestoßen. Die Aussetzer verursachen daher eine Nachverbrennung des unverbrannten Gemischs im Katalysator und führen dadurch zu einem Temperaturanstieg. Dies kann eine schnellere Alterung oder sogar eine völlige Zerstörung des Katalysators zur Folge haben. Weiterhin führen Zündaussetzer zu einer Erhöhung der Abgasemissionen, insbesondere von HC und CO, sodass eine Überwachung auf Zündaussetzer notwendig ist.

Die Aussetzererkennung wertet für jeden Zylinder die von einer Verbrennung bis zur nächsten verstrichene Zeit – die Segmentzeit – aus. Diese Zeit wird aus dem Signal des Drehzahlsensors abgeleitet. Gemessen wird die Zeit, die verstreicht, wenn sich das Kurbelwellen-Geberrad eine bestimmte Anzahl von Zähnen weiterdreht. Bei einem Verbrennungsaussetzer fehlt dem Motor das durch die Verbrennung erzeugte Drehmoment, was zu einer Verlangsamung führt. Eine signifikante Verlängerung der daraus resultierenden Segmentzeit deutet auf einen Zündaussetzer hin (**Bild 6**). Bei hohen Drehzahlen und niedriger Motorlast beträgt die Verlängerung der Segmentzeit durch Aussetzer nur etwa 0,2 %. Deshalb ist eine genaue Überwachung der Drehbewegung und ein aufwendiges Rechenverfahren notwendig, um Verbrennungsaussetzer von Störgrößen (z. B. Erschütterungen aufgrund einer schlechten Fahrbahn) unterscheiden zu können. Die Geberradadaption kompensiert Abweichungen, die auf Fertigungstoleranzen am Geberrad zurückzuführen sind. Diese Funktion ist im Teillast-Bereich und Schubbetrieb aktiv, da in diesem Betriebszustand nur ein geringes oder kein beschleunigendes Drehmoment aufgebaut wird. Die Geberradadaption liefert Korrekturwerte für die Segmentzeiten. Bei unzulässig hohen Aussetzerraten kann an dem betroffenen Zylinder die Einspritzung ausgeblendet werden, um den Katalysator zu schützen.

Tankleckdiagnose
Nicht nur die Abgasemissionen beeinträchtigen die Umwelt, sondern auch die aus dem Kraftstoff führenden System – insbesondere aus der Tankanlage – entweichenden Kraftstoffdämpfe (Verdunstungsemissionen), sodass auch hierfür Emissionsgrenzwerte gelten. Zur Begrenzung der Verdunstungsemissionen werden die Kraftstoffdämpfe im Aktivkohlebehälter des Kraftstoffverdunstungs-Rückhaltesystems (**Bild 7**) bei geschlossenem Absperrventil (4) gespeichert und später wieder über das Tankentlüftungsventil und das Saugrohr der Verbrennung im Motor zugeführt. Das Regenerieren des Aktivkohlebehälters erfolgt durch Luftzufuhr bei geöffnetem Absperrventil (4) und bei geöffnetem Tankentlüftungsventil (2). Im normalen Motorbetrieb (d. h. keine Regenerierung oder Diagnose) bleibt das Absperrventil geschlossen, um ein Ausgasen der

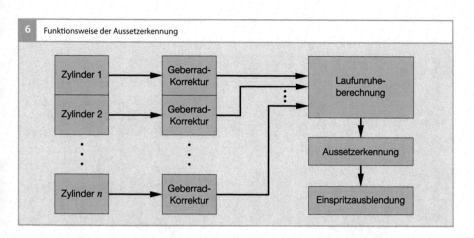

6 Funktionsweise der Aussetzerkennung

Kraftstoffdämpfe aus dem Tank in die Umwelt zu verhindern. Die Überwachung des Tanksystems gehört zum Diagnoseumfang.

Für den europäischen Markt beschränkt sich der Gesetzgeber zunächst auf eine einfache Überprüfung des elektrischen Schaltkreises des Tankdrucksensors und des Tankentlüftungsventils. In den USA wird hingegen das Erkennen von Lecks im Kraftstoffsystem gefordert. Hierfür gibt es die folgenden zwei unterschiedlichen Diagnoseverfahren, mit welchen ein Grobleck bis zu 1,0 mm Durchmesser und ein Feinleck bis zu 0,5 mm Durchmesser erkannt werden kann. Die folgenden Ausführungen beschreiben die prinzipielle Funktionsweise der Leckerkennung ohne die Einzelheiten bei der Realisierung.

Diagnoseverfahren mit Unterdruckabbau
Bei stehendem Fahrzeug wird im Leerlauf das Tankentlüftungsventil (Bild 7, Pos. 2) geschlossen. Daraufhin wird im Tanksystem, infolge der durch das offene Absperrventil (4) hereinströmenden Luft, der Unterdruck verringert, d. h., der Druck im Tanksystem steigt. Wenn der Druck, der mit dem Drucksensor (6) gemessen wird, in einer bestimmten Zeit nicht den Umgebungsdruck er-

reicht, wird auf ein fehlerhaftes Absperrventil geschlossen, da sich dieses nicht genügend oder gar nicht geöffnet hat.

Liegt kein Defekt am Absperrventil vor, wird dieses geschlossen. Durch Ausgasung (Kraftstoffverdunstung) kann nun ein Druckanstieg erfolgen. Der sich einstellende Druck darf einen bestimmten Bereich weder über- noch unterschreiten. Liegt der gemessene Druck unterhalb des vorgeschriebenen Bereichs, so liegt eine Fehlfunktion im Tankentlüftungsventil vor. Das heißt, die Ursache für den zu niedrigen Druck ist ein undichtes Tankentlüftungsventil, sodass durch den Unterdruck im Saugrohr Dampf aus dem Tanksystem gesaugt wird. Liegt der

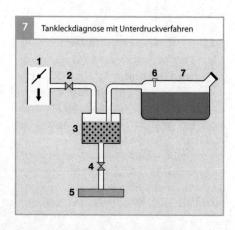

7 Tankleckdiagnose mit Unterdruckverfahren

Bild 7
1 Saugrohr mit Drosselklappe
2 Tankentlüftungsventil (Regenerierventil)
3 Aktivkohlebehälter
4 Absperrventil
5 Luftfilter
6 Tankdrucksensor
7 Kraftstoffbehälter

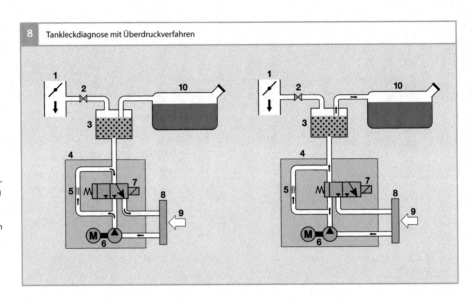

8 Tankleckdiagnose mit Überdruckverfahren

gemessene Druck oberhalb des vorgeschriebenen Bereichs, so verdampft zu viel Kraftstoff (z. B. wegen zu hoher Umgebungstemperatur), um eine Diagnose durchführen zu können. Ist der durch die Ausgasung entstehende Druck im erlaubten Bereich, so wird dieser Druckanstieg als Kompensationsgradient für die Feinleckdiagnose gespeichert. Erst nach der Prüfung von Absperr- und Tankentlüftungsventil kann die Tankleckdiagnose fortgesetzt werden.

Zunächst wird eine Grobleckerkennung durchgeführt. Im Leerlauf des Motors wird das Tankentlüftungsventil (Bild 7, Pos. 2) geöffnet, wobei sich der Unterdruck des Saugrohrs (1) im Tanksystem „fortsetzt". Nimmt der Tankdrucksensor (6) eine zu geringe Druckänderung auf, da Luft durch ein Leck wieder nachströmt und so den induzierten Druckabfall wieder ausgleicht, wird ein Fehler durch ein Grobleck erkannt und die Diagnose abgebrochen.

Die Feinleckdiagnose kann beginnen, sobald kein Grobleck erkannt wurde. Hierzu wird das Tankentlüftungsventil (2) wieder geschlossen. Der Druck sollte anschließend

nur um die zuvor gespeicherte Ausgasung (Kompensationsgradient) ansteigen, da das Absperrventil (4) immer noch geschlossen ist. Steigt der Druck jedoch stärker an, so muss ein Feinleck vorhanden sein, durch welches Luft einströmen kann.

Überdruckverfahren
Bei erfüllten Diagnose-Einschaltbedingungen und nach abgeschalteter Zündung wird im Steuergerätenachlauf das Überdruckverfahren gestartet. Bei der Referenzleck-Strommessung pumpt die im Diagnosemodul (Bild 8a, Pos. 4) integrierte elektrisch angetriebene Flügelzellenpumpe (6) Luft durch ein „Referenzleck" (5) von 0,5 mm Durchmesser. Durch den an dieser Verengung entstehenden Staudruck steigt die Belastung der Pumpe, was zu einer Drehzahlverminderung und einer Stromerhöhung führt. Der sich bei dieser Referenzmessung einstellende Strom (Bild 9) wird gemessen und gespeichert.

Anschließend (Bild 8b) pumpt die Pumpe nach Umschalten des Magnetventils (7) Luft in den Kraftstoffbehälter. Ist der Tank dicht, so baut sich ein Druck und somit ein Pumpenstrom auf (Bild 9), der über dem Referenzstrom liegt (3). Im Fall eines Feinlecks erreicht der Pumpstrom den Referenzstrom, dieser wird allerdings nicht überschritten (2). Wird der Referenzstrom auch nach längerem Pumpen nicht erreicht, so liegt ein Grobleck vor (1).

Diagnose des Sekundärluftsystems

Der Betrieb des Motors mit einem fetten Gemisch (bei $\lambda < 1$) – wie es z. B. bei niedrigen Temperaturen notwendig sein kann – führt zu hohen Kohlenwasserstoff- und Kohlenmonoxidkonzentrationen im Abgas. Diese Schadstoffe müssen im Abgastrakt nachoxidiert, d. h. nachverbrannt werden. Direkt nach den Auslassventilen befindet sich deshalb bei vielen Fahrzeugen eine Sekundärlufteinblasung, die den für die katalytische Nachverbrennung notwendigen Sauerstoff in das Abgas einbläst (Bild 10).

Bei Ausfall dieses Systems steigen die Abgasemissionen beim Kaltstart oder bei einem kalten Katalysator an. Deshalb ist eine Diagnose notwendig. Die Diagnose der Sekundärlufteinblasung ist eine funktionale Prüfung, bei der getestet wird, ob die Pumpe einwandfrei läuft oder ob Störungen in der Zuleitung zum Abgastrakt vorliegen. Neben der funktionalen Prüfung ist für den CARB-Markt die Erkennung einer reduzierten Einleitung von Sekundärluft (Flow-Check), die zu einem Überschreiten des OBD-Grenzwerts führt, erforderlich.

Die Sekundärluft wird direkt nach dem Motorstart und während der Katalysatoraufheizung eingeblasen. Die eingeblasene Sekundärluftmasse wird aus den Messwerten der λ-Sonde berechnet und mit einem Referenzwert verglichen. Weicht die berechnete Sekundärluftmasse vom Referenzwert ab, wird damit ein Fehler erkannt.

Für den CARB-Markt ist es aus gesetzlichen Gründen notwendig, die Diagnose während der regulären Sekundärluftzuschaltung durchzuführen. Da die Betriebsbereitschaft der λ-Sonde fahrzeugspezifisch zu unterschiedlichen Zeiten nach dem Motorstart erreicht wird, kann es sein, dass die Diagnoseablaufhäufigkeit (IUMPR) mit dem beschriebenen Diagnoseverfahren nicht erreicht wird und ein anderes Diagnoseverfah-

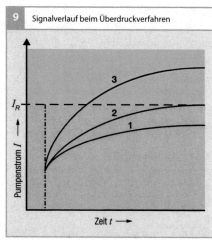

9 Signalverlauf beim Überdruckverfahren

Pumpenstrom I →
Zeit t →
I_R

Bild 9
I_R Referenzstrom
1 Stromverlauf bei einem Leck über 0,5 mm Durchmesser
2 Stromverlauf bei einem Leck mit 0,5 mm Durchmesser
3 Stromverlauf bei dichtem Tank

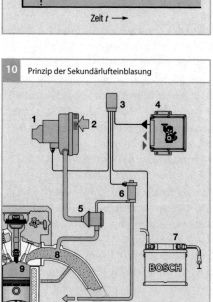

10 Prinzip der Sekundärlufteinblasung

BOSCH

Bild 10
1 Sekundärluftpumpe
2 angesaugte Luft
3 Relais
4 Motorsteuergerät
5 Sekundärluftventil
6 Steuerventil
7 Batterie
8 Einleitstelle ins Abgasrohr
9 Auslassventil
10 zum Saugrohranschluss

ren verwendet werden muss. Das alternativ zum Einsatz kommende Verfahren beruht auf einem druckbasierten Ansatz. Das Verfahren benötigt einen Sekundärluft-Drucksensor, der direkt im Sekundärluftventil oder in der Rohrverbindung zwischen Sekundärluftpumpe und Sekundärluftventil verbaut ist. Gegenüber dem bisherigen direkten λ-Sonden-basierten Verfahren basiert das Diagnoseprinzip auf einer indirekten quantitativen Bestimmung des Sekundärluftmassenstroms aus dem Druck vor dem Sekundärluftventil.

Diagnose des Kraftstoffsystems

Fehler im Kraftstoffsystem (z. B. defektes Kraftstoffventil, Loch im Saugrohr) können eine optimale Gemischbildung verhindern. Deshalb wird eine Überwachung dieses Systems durch die OBD verlangt. Dazu werden u. a. die angesaugte Luftmasse (aus dem Signal des Luftmassenmessers), die Drosselklappenstellung, das Luft-Kraftstoff-Verhältnis (aus dem Signal der λ-Sonde vor dem Katalysator) sowie Informationen zum Betriebszustand im Steuergerät verarbeitet, und dann gemessene Werte mit den Modellrechnungen verglichen.

Ab Modelljahr 2011 wird zudem die Überwachung von Fehlern (z. B. Injektorfehler) gefordert, die zylinderindividuelle Gemischunterschiede hervorrufen. Das Diagnoseprinzip basiert auf einer Auswertung des Drehzahlsignals (Laufunruhesignals) und nutzt die Abhängigkeit der Laufunruhe vom Luftverhältnis aus. Zum Zweck der Diagnose wird sukzessive jeweils ein Zylinder abgemagert, während die verbleibenden Zylinder angefettet werden, so dass ein stöchiometrisches Luft-Kraftstoff-Verhältnis erhalten bleibt. Die Diagnose verarbeitet dabei die erforderlichen Änderung der Kraftstoffmenge, um eine applizierte Laufunruhedifferenz zu erreichen. Diese Änderung ist ein

Maß für die Vertrimmung eines Zylinders hinsichtlich des Luft-Kraftstoff-Verhältnisses.

Diagnose der λ-Sonden

Das λ-Sonden-System besteht in der Regel aus zwei Sonden (eine vor und eine hinter dem Katalysator) und dem λ-Regelkreis. Vor dem Katalysator befindet sich meist eine Breitband-λ-Sonde, die kontinuierlich den λ-Wert, d. h. das Luftverhältnis über den gesamten Bereich von fett nach mager, misst und als Spannungsverlauf ausgibt (Bild 11a). In Abhängigkeit von den Marktanforderungen kann auch eine Zweipunkt-λ-Sonde (Sprungsonde) vor dem Katalysator verwendet werden. Diese zeigt durch einen Spannungssprung (Bild 11b) an, ob ein mageres ($\lambda > 1$) oder ein fettes Gemisch ($\lambda < 1$) vorliegt.

Bei heutigen Konzepten ist eine sekundäre λ-Sonde – meist eine Zweipunkt-Sonde – hinter dem Vor- oder dem Hauptkatalysator

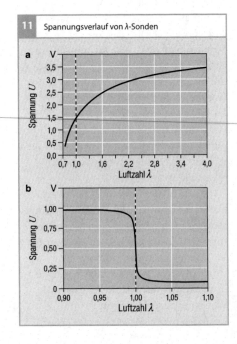

11   Spannungsverlauf von λ-Sonden

Bild 11
a Breitband-λ-Sonde
b Zweipunkt-λ-Sonde
   (Sprungsonde)

angebracht, die zum einen der Nachregelung der primären λ-Sonde dient, zum anderen für die OBD genutzt wird. Die λ-Sonden kontrollieren nicht nur das Luft-Kraftstoff-Gemisch im Abgas für die Motorsteuerung, sondern prüfen auch die Funktionsfähigkeit des Katalysators.

Mögliche Fehler der Sonden sind Unterbrechungen oder Kurzschlüsse im Stromkreis, Alterung der Sonde (thermisch, durch Vergiftung) – führt zu einer verringerten Dynamik des Sondensignals – oder verfälschte Werte durch eine kalte Sonde, wenn Betriebstemperatur nicht erreicht ist.

Primäre λ-Sonde
Die Sonde vor dem Katalysator wird als primäre λ-Sonde oder Upstream-Sonde bezeichnet. Sie wird bezüglich Plausibilität (von Innenwiderstand, Ausgangsspannung – das eigentliche Signal – und anderen Parametern) sowie Dynamik geprüft. Bezüglich der Dynamik wird die symmetrische und die asymmetrische Signalanstiegsgeschwindigkeit (Transition Time) und die Totzeit (Delay) jeweils beim Wechsel von „fett“ zu „mager“ und von „mager“ zu „fett“ (sechs Fehlerfälle, Six Patterns – gemäß CARB-OBD-II-Gesetzgebung) sowie die Periodendauer geprüft. Besitzt die Sonde eine Heizung, so muss auch diese in ihrer Funktion überprüft werden. Die Prüfungen erfolgen während der Fahrt bei relativ konstanten Betriebsbedingungen. Die Breitband-λ-Sonde benötigt andere Diagnoseverfahren als die Zweipunkt-λ-Sonde, da für sie auch von λ = 1 abweichende Vorgaben möglich sind.

Sekundäre λ-Sonde
Eine sekundäre λ-Sonde oder Downstream-Sonde ist u. a. für die Kontrolle des Katalysators zuständig. Sie überprüft die Konvertierung des Katalysators und gibt damit die für die Diagnose des Katalysators wichtigsten Werte ab. Man kann durch ihre Signale auch die Werte der primären λ-Sonde überprüfen. Darüber hinaus kann durch die sekundäre λ-Sonde die Langzeitstabilität der Emissionen sichergestellt werden. Mit Ausnahme der Periodendauer werden alle für die primären λ-Sonden genannten Eigenschaften und Parameter auch bei den sekundären λ-Sonden geprüft. Für die Erkennung von Dynamikfehlern ist die Diagnose der Signalanstiegsgeschwindigkeit und der Totzeit erforderlich.

Diagnose des Abgasrückführungssystems

Die Abgasrückführung (AGR) ist ein wirksames Mittel zur Absenkung der Stickoxidemission im Magerbetrieb. Durch Zumischen von Abgas zum Luft-Kraftstoff-Gemisch wird die Verbrennungs-Spitzentemperatur gesenkt und damit die Bildung von Stickoxiden reduziert. Die Funktionsfähigkeit des Abgasrückführungssystems muss deshalb überwacht werden. Hierzu kommen zwei alternative Verfahren zum Einsatz.

Zur Diagnose des AGR-Systems wird ein Vergleich zweier Bestimmungsmethoden für den AGR-Massenstrom herangezogen. Bei Methode 1 wird aus der Differenz zwischen zufließendem Frischluftmassenstrom über die Drosselklappe (gemessen über den Heißfilm-Luftmassenmesser) und dem abfließenden Massenstrom in die Zylinder (berechnet mit dem Saugrohrmodell und dem Signale des Saugrohrdrucksensors) der AGR-Massenstrom bestimmt. Bei Methode 2 wird über das Druckverhältnis und die Lagerückmeldung des AGR-Ventils der AGR-Massenstrom berechnet. Die Ergebnisse aus Methode 1 und Methode 2 werden kontinuierlich verglichen und ein Adaptionsfaktor gebildet. Der Adaptionsfaktor wird auf eine Über- oder Unterschreitung eines Bereichs überwacht und schließlich wird das Diagnoseergebnis gebildet.

Eine weitere Diagnose des AGR-Systems ist die Schubdiagnose, wobei im Schubbetrieb das AGR-Ventil gezielt geöffnet und der sich einstellende Saugrohrdruck beobachtet wird. Mit einem modellierten AGR-Massenstrom wird ein modellierter Saugrohrdruck ermittelt und dieser mit dem gemessenen Saugrohrdruck verglichen. Über diesen Vergleich kann das AGR-System bewertet werden.

Diagnose der Kurbelgehäuseentlüftung

Das so genannte „Blow-by-Gas", welches durch Leckageströme zwischen Kolben, Kolbenringen und Zylinder in das Kurbelgehäuse einströmt, muss aus dem Kurbelgehäuse abgeführt werden. Dies ist die Aufgabe der Kurbelgehäuseentlüftung (PCV, Positive Crankcase Ventilation). Die mit Abgasen angereicherte Luft wird in einem Zyklonabscheider von Ruß gereinigt und über ein PCV-Ventil in das Saugrohr geleitet, sodass die Kohlenwasserstoffe wieder der Verbrennung zugeführt werden. Die Diagnose muss Fehler infolge von Schlauchabfall zwischen dem Kurbelgehäuse und dem PCV-Ventil oder zwischen dem PCV-Ventil und dem Saugrohr erkennen.

Ein mögliches Diagnoseprinzip beruht auf der Messung der Leerlaufdrehzahl, die bei Öffnung des PCV-Ventils ein bestimmtes Verhalten zeigen sollte, das mit einem Modell gerechnet wird. Bei einer zu großen Abweichung der beobachteten Leerlaufdrehzahländerung vom modellierten Verhalten wird auf ein Leck geschlossen. Auf Antrag bei der Behörde kann auf eine Diagnose verzichtet werden, wenn der Nachweis erbracht wird, dass ein Schlauchabfall durch geeignete konstruktive Maßnahmen ausgeschlossen werden kann.

Diagnose des Motorkühlungssystems

Das Motorkühlsystem besteht aus einem kleinen und einem großen Kreislauf, die durch ein Thermostatventil verbunden sind. Der kleine Kreislauf wird in der Startphase zur schnellen Aufheizung des Motors verwendet und durch Schließen des Thermostatventils geschaltet. Bei einem defekten oder offen festsitzenden Thermostaten wird der Kühlmitteltemperaturanstieg verzögert – besonders bei niedrigen Umgebungstemperaturen – und führt zu erhöhten Emissionen. Die Thermostatüberwachung soll daher eine Verzögerung in der Aufwärmung der Motorkühlflüssigkeit detektieren. Dazu wird zuerst der Temperatursensor des Systems und darauf basierend das Thermostatventil getestet.

Diagnose zur Überwachung der Aufheizmaßnahmen

Um eine hohe Konvertierungsrate zu erreichen, benötigt der Katalysator eine Betriebstemperatur von 400...800 °C. Noch höhere Temperaturen können allerdings seine Beschichtung zerstören. Ein Katalysator mit optimaler Betriebstemperatur reduziert die Motorabgasemissionen um mehr als 99 %. Bei niedrigeren Temperaturen sinkt der Wirkungsgrad, sodass ein kalter Katalysator fast keine Konvertierung zeigt. Zur Einhaltung der Abgasemissionsvorschriften ist darum eine schnelle Aufwärmung des Katalysators mittels einer speziellen Katalysatorheizstrategie notwendig. Bei einer Katalysatortemperatur von 200...250 °C (Light-Off-Temperatur, ungefähr 50 % Konvertierungsgrad) wird diese Aufwärmphase beendet. Der Katalysator wird jetzt durch die exothermen Konvertierungsreaktionen von selbst aufgeheizt.

Beim Start des Motors kann der Katalysator durch zwei Vorgänge schneller aufgeheizt werden: Durch eine spätere Zündung des

Kraftstoffgemischs wird ein heißeres Abgas erzeugt. Außerdem heizt sich durch die katalytischen Reaktionen des unvollständig verbrannten Kraftstoffs im Abgaskrümmer oder im Katalysator dieser selbst auf. Weitere unterstützende Maßnahmen sind z. B. die Erhöhung der Leerlauf-Drehzahl oder ein veränderter Nockenwellenwinkel. Diese Aufheizung hat zur Folge, dass der Katalysator schneller seine Betriebstemperatur erreicht und die Abgasemissionen früher absinken.

Das Gesetz (CARB OBD II) verlangt für einen einwandfreien Ablauf der Konvertierung eine Überwachung der Aufheizphase. Die Aufheizung kann durch eine Überwachung und Auswertung von Aufwärmparametern wie z. B. Zündwinkel, Drehzahl oder Frischluftmasse kontrolliert werden. Weiterhin werden die für die Aufheizmaßnahmen wichtigen Komponenten gezielt in dieser Zeit überwacht (z. B. die Nockenwellen-Position).

Diagnose des variablen Ventiltriebs

Zur Senkung des Kraftstoffverbrauchs und der Abgasemissionen wird teilweise der variable Ventiltrieb eingesetzt. Der Ventiltrieb ist bezüglich Systemfehler zu überwachen. Hierzu wird die Position der Nockenwelle anhand des Phasengebers gemessen und ein Soll-Ist-Vergleich durchgeführt. Für den CARB-Markt ist die Erkennung eines verzögerten Einregelns des Stellglieds auf den Sollwert („Slow Response") sowie die Überwachung auf eine bleiben Abweichung vom Sollwert („Target Error") vorgeschrieben. Zusätzlich sind alle elektrischen Komponenten (z. B. der Phasengeber) gemäß der Anforderungen an Comprehensive Components zu diagnostizieren.

Comprehensive Components: Diagnose von Sensoren

Neben den zuvor aufgeführten spezifischen Diagnosen, die in der kalifornischen Gesetzgebung explizit gefordert und in eigenen Abschnitten separat beschrieben werden, müssen auch sämtliche Sensoren und Aktoren (wie z. B. die Drosselklappe oder die Hochdruckpumpe) überwacht werden, wenn ein Fehler dieser Bauteile entweder Einfluss auf die Emissionen hat oder aber andere Diagnosen negativ beeinflusst. Sensoren müssen überwacht werden auf:
- elektrische Fehler, d. h. Kurzschlüsse und Leitungsunterbrechungen (Signal Range Check),
- Bereichsfehler (Out of Range Check), d. h. Über- oder Unterschreitung der vom physikalischem Messbereich des Sensors festgelegten Spannungsgrenzen,
- Plausibilitätsfehler (Rationality Check); dies sind Fehler, die in der Komponente selbst liegen (z. B. Drift) oder z. B. durch Nebenschlüsse hervorgerufen werden können. Zur Überwachung werden die Sensorsignale entweder mit einem Modell oder direkt mit anderen Sensoren plausibilisiert.

Elektrische Fehler

Der Gesetzgeber versteht unter elektrischen Fehlern Kurzschluss nach Masse, Kurzschluss gegen Versorgungsspannung oder Leitungsunterbrechung.

Überprüfung auf Bereichsfehler

Üblicherweise haben Sensoren eine festgelegte Ausgangskennlinie, oft mit einer unteren und oberen Begrenzung; d. h. der physikalische Messbereich des Sensors wird auf eine Ausgangsspannung, z. B. im Bereich von 0,5...4,5 V, abgebildet. Ist die vom Sensor abgegebene Ausgangsspannung außerhalb dieses Bereichs, so liegt ein Bereichsfehler vor.

Das heißt, die Grenzen für diese Prüfung ("Range Check") sind für jeden Sensor spezifische, feste Grenzen, die nicht vom aktuellen Betriebszustand des Motors abhängen. Sind bei einem Sensor elektrische Fehler von Bereichsfehlern nicht unterscheidbar, so wird dies vom Gesetzgeber akzeptiert.

Plausibilitätsfehler
Als Erweiterung im Sinne einer erhöhten Sensibilität der Sensor-Diagnose fordert der Gesetzgeber über den Bereichsfehler hinaus die Durchführung von Plausibilitätsprüfungen (sogenannte "Rationality Checks"). Kennzeichen einer solchen Plausibilitätsprüfung ist, dass die momentane Ausgangsspannung des Sensors nicht – wie bei der Bereichsprüfung – mit festen Grenzen verglichen wird, sondern mit Grenzen, die aufgrund des momentanen Betriebszustands des Motors eingeengt sind. Dies bedeutet, dass für diese Prüfung aktuelle Informationen aus der Motorsteuerung herangezogen werden müssen. Solche Prüfungen können z. B. durch Vergleich der Sensorausgangsspannung mit einem Modell oder aber durch Quervergleich mit einem anderen Sensor realisiert sein. Das Modell gibt dabei für jeden Betriebszustand des Motors einen bestimmten Erwartungsbereich für die modellierte Größe an.

Um bei Vorliegen eines Fehlers die Reparatur so zielführend und einfach wie möglich zu gestalten, soll zunächst die schadhafte Komponente so eindeutig wie möglich identifiziert werden. Darüber hinaus sollen die genannten Fehlerarten untereinander und – bei Bereichs- und Plausibilitätsprüfung – auch nach Überschreitungen der unteren bzw. oberen Grenze getrennt unterschieden werden. Bei elektrischen Fehlern oder Bereichsfehlern kann meist auf ein Verkabelungsproblem geschlossen werden, während das Vorliegen eines Plausibilitätsfehlers eher

auf einen Fehler der Komponente selbst deutet.

Während die Prüfung auf elektrische Fehler und Bereichsfehler kontinuierlich erfolgen muss, müssen die Plausibilitätsfehler mit einer bestimmten Mindesthäufigkeit im Alltag ablaufen. Zu den solchermaßen zu überwachenden Sensoren gehören:
- der Luftmassenmesser,
- diverse Drucksensoren (Saugrohrdruck, Umgebungsdruck, Tankdruck),
- der Drehzahlsensor für die Kurbelwelle,
- der Phasensensor,
- der Ansauglufttemperatursensor,
- der Abgastemperatursensor.

Diagnose des Heißfilm-Luftmassenmessers
Nachfolgend wird am Beispiel des Heißfilm-Luftmassenmessers (HFM) die Diagnose beschrieben. Der Heißfilm-Luftmassenmesser, der zur Erfassung der vom Motor angesaugten Luft und damit zur Berechnung der einzuspritzenden Kraftstoffmenge dient, misst die angesaugte Luftmasse und gibt diese als Ausgangsspannung an die Motorsteuerung weiter. Die Luftmassen verändern sich durch unterschiedliche Drosseleinstellung oder Motordrehzahl. Die Diagnose überwacht nun, ob die Ausgangsspannung des Sensors bestimmte (applizierbare, feste) untere oder obere Grenzen überschreitet und gibt in diesem Fall einen Bereichsfehler aus. Durch Vergleich des aktuellen Werts der vom Heißfilm-Luftmassenmesser angegebenen Luftmasse mit der Stellung der Drosselklappe kann – abhängig vom aktuellen Betriebszustand des Motors – auf einen Plausibilitätsfehler geschlossen werden, wenn der Unterschied der beiden Signale größer als eine bestimmte Toleranz ist. Ist beispielsweise die Drosselklappe ganz geöffnet, aber der Heißfilm-Luftmassenmesser zeigt die bei Leerlauf angesaugte Luftmasse an, so ist dies ein Plausibilitätsfehler.

Comprehensive Components: Diagnose von Aktoren

Aktoren müssen auf elektrische Fehler und – falls technisch machbar – funktional überwacht werden. Funktionale Überwachung bedeutet hier, dass die Umsetzung eines gegebenen Stellbefehls (Sollwert) überwacht wird, indem die Systemreaktion (der Istwert) in geeigneter Weise durch Informationen aus dem System überprüft wird, z. B. durch einen Lagesensor. Das heißt, es werden – vergleichbar mit der Plausibilitätsdiagnose bei Sensoren – weitere Informationen aus dem System zur Beurteilung herangezogen. Zu den Aktoren gehören u. a.:

- sämtliche Endstufen,
- die elektrisch angesteuerte Drosselklappe,
- das Tankentlüftungsventil,
- das Aktivkohleabsperrventil.

Diagnose der elektrisch angesteuerten Drosselklappe
Für die Diagnose der Drosselklappe wird geprüft, ob eine Abweichung zwischen dem zu setzenden und dem tatsächlichen Winkel besteht. Ist diese Abweichung zu groß, wird ein Drosselklappenantriebsfehler festgestellt.

Diagnose in der Werkstatt

Aufgabe der Diagnose in der Werkstatt ist die schnelle und sichere Lokalisierung der kleinsten austauschbaren Einheit. Bei den heutigen modernen Motoren ist dabei der Einsatz eines im allgemeinen PC-basierten Diagnosetesters in der Werkstatt unumgänglich. Generell nutzt die Werkstatt-Diagnose hierbei die Ergebnisse der Diagnose im Fahrbetrieb (Fehlerspeichereinträge der On-Board-Diagnose). Da jedoch nicht jedes spürbare Symptom am Fahrzeug zu einem Fehlerspeichereintrag führt und nicht alle Fehlerspeichereinträge eindeutig auf eine ursächliche Komponente zeigen, werden weitere spezielle Werkstattdiagnosemodule und zusätzliche Prüf- und Messgeräte in der Werkstatt eingesetzt. Werkstattdiagnosefunktionen werden durch den Werkstatttester gestartet und unterscheiden sich hinsichtlich ihrer Komplexität, Diagnosetiefe und Eindeutigkeit. In aufsteigender Reihenfolge sind dies:

- Ist-Werte-Auslesen und Interpretation durch den Werkstattmitarbeiter,
- Aktoren-Stellen und subjektive Bewertung der jeweiligen Auswirkung durch den Werkstattmitarbeiter,
- automatisierte Komponententests mit Auswertung durch das Steuergerät oder den Diagnosetester,
- komplexe Subsystemtests mit Auswertung durch das Steuergerät oder den Diagnosetester.

Beispiele für diese Komponenten- und Subsystemtests werden im Folgenden beschrieben. Alle für ein Fahrzeugprojekt vorhandenen Diagnosemodule werden im Diagnosetester in eine geführte Fehlersuche integriert.

Geführte Fehlersuche

Wesentliches Element der Werkstattdiagnose ist die geführte Fehlersuche. Der Werkstattmitarbeiter wird ausgehend vom Symptom (fehlerhaftes Fahrzeugverhalten, welches vom Fahrer wahrgenommen wird) oder vom Fehlerspeichereintrag mit Hilfe eines ergebnisgesteuerten Ablaufs durch die Fehlerdiagnose geführt. Die geführte Fehlersuche verknüpft hierbei alle vorhandenen Diagnosemöglichkeiten zu einem zielgerichteten Fehlersuchablauf. Hierzu gehören Symptombeschreibungen des Fahrzeughalters, Fehlerspeichereinträge der On-Board-Diagnose, Werkstattdiagnosemodule im Steuergerät und im Diagnosetester sowie externe Prüfgeräte und Zusatzsensorik. Alle Werkstattdiagnosemodule können nur bei verbundenem Diagnosetester und im Allgemeinen nur bei stehendem Fahrzeug genutzt werden. Die Überwachung der Betriebsbedingungen erfolgt im Steuergerät.

Auslesen und Löschen der Fehlerspeichereinträge

Alle während des Fahrbetriebs auftretenden Fehler werden gemeinsam mit vorab definierten und zum Zeitpunkt des Auftretens herrschenden Umgebungsbedingungen im Steuergerät gespeichert. Diese Fehlerspeicherinformationen können über eine Diagnosesteckdose (gut zugänglich vom Fahrersitz aus erreichbar) von frei verkäuflichen Scan-Tools oder Diagnosetestern ausgelesen

und gelöscht werden. Die Diagnosesteckdose und die auslesbaren Parameter sind standardisiert. Es existieren aber unterschiedliche Übertragungsprotokolle (SAE J1850 VPM und PWM, ISO 1941-2, ISO 14230-4) die jedoch durch unterschiedliche Pinbelegung im Diagnosestecker (siehe **Bild 12**) codiert sind. Seit 2008 ist nach der CARB-Gesetzgebung und ab 2014 nach der EU-Gesetzgebung nur noch die Diagnose über CAN (ISO-15765) erlaubt.

Neben dem Auslesen und Löschen des Fehlerspeichers existieren weitere Betriebsarten in der Kommunikation zwischen Diagnosetester und Steuergerät, die in **Tabelle 2** aufgezählt werden.

Werkstattdiagnosemodule

Im Steuergerät integrierte Diagnosemodule laufen nach dem Start durch den Diagnosetester autark im Steuergerät ab und melden nach Beendigung das Ergebnis an den Diagnosetester zurück. Gemeinsam für alle Module ist, dass sie das zu diagnostizierende Fahrzeug in der Werkstatt in vorbestimmte lastlose Betriebspunkte versetzen, verschiedenen Aktorenanregungen aufprägen und Ergebnisse von Sensoren eigenständig mit einer vorgegebenen Auswertelogik auswerten können. Ein Beispiel für einen Subsystemtest ist der BDE-Systemtest (Benzin-Direkt-Einspritzung). Als Komponententests werden im Folgenden der Kompressionstest, die Separierung zwischen Gemisch und λ-Sonden-Fehlern sowie von Zündungs- und Mengenfehlern vorgestellt.

BDE-Systemtest

Der BDE-Systemtest dient der Überprüfung des gesamten Kraftstoffsystems bei Motoren mit Benzin-Direkt-Einspritzung und wird bei den Symptomen „Motorkontrollleuchte an", „verminderte Leistung" und „unrunder Motorlauf" angewendet. Erkennbare Fehler

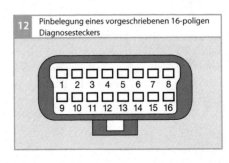

Bild 12
2, 10 Datenübertragung
       nach SAE J 1850,
7, 15 Datenübertragung
       nach DIN ISO 9141-2
       oder 14 230-4,
4   Fahrzeugmasse,
5   Signalmasse,
6   CAN-High-Leitung,
14 CAN-Low-Leitung,
14 Batterie-Plus,
1, 3, 8, 9, 11, 12, 13 nicht
       von OBD belegt

12 Pinbelegung eines vorgeschriebenen 16-poligen Diagnosesteckers

1 2 3 4 5 6 7 8
9 10 11 12 13 14 15 16

Service-Nummer	Funktion
$01	Auslesen der aktuellen Istwerte des Systems (z. B. Messwerte der Drehzahl und der Temperatur)
$02	Auslesen der Umweltbedingungen (Freeze Frame), die während des Auftretens des Fehlers vorgeherrscht haben
$03	Fehlerspeicher auslesen. Es werden die abgasrelevanten und bestätigten Fehlercodes ausgelesen
$04	Löschen des Fehlercodes im Fehlerspeicher und Zurücksetzen der begleitenden Information
$05	Anzeigen von Messwerten und Schwellen der λ-Sonden
$06	Anzeigen von Messwerten von nicht kontinuierlich überwachten Systemen (z. B. Katalysator)
$07	Fehlerspeicher auslesen. Hier werden die noch nicht bestätigten Fehlercodes ausgelesen
$08	Testfunktionen anstoßen (fahrzeughersteller-spezifisch)
$09	Auslesen von Fahrzeuginformationen
$0A	Auslesen von permanent gespeicherten Fehlerspeichereinträgen

Tabelle 2
Betriebsarten des Diagnosetesters (CARB-Umfang).
Service $05 gemäß SAE J1979 ist bei Fahrzeugen mit CAN-Protokoll nicht verfügbar: der Ausgabeumfang von Service $05 ist bei Fahrzeugen mit CAN-Protokoll z.T. im Service $06 enthalten.

im Niederdrucksystem sind Leckagen und defekte Kraftstoffpumpen. Im Hochdrucksystem werden Defekte an der Hochdruckpumpe, am Injektor und am Hochdrucksensor erkannt. Zur Bestimmung der defekten Komponente werden während des Tests bestimmte Merkmale extrahiert und die Über- oder Unterschreitung von Sollwerten in eine Matrix eingetragen. Der Mustervergleich mit bekannten Fehlern führt dann zur eindeutigen Identifizierung. Verschiedene auszuwertende Merkmale sind in **Bild 13** gezeigt. Der Test bietet die Vorteile, dass ohne Öffnen des Kraftstoffsystems und ohne zusätzliche Messtechnik in sehr kurzer Zeit Ergebnisse vorliegen. Da der Vergleich der Merkmale in der Matrix im Tester durchgeführt wird, können Anpassungen im Fahrzeug-Projekt auch nach Serieneinführungen erfolgen.

Kompressionstest
Der Kompressionstest wird zur Beurteilung der Kompression einzelner Zylinder bei den Symptomen „Leistungsmangel" und „unrun-

der Motorlauf im Leerlauf" angewendet. Der Test erkennt eine reduzierte Kompression durch mechanische Defekte am Zylinder, wie z. B. undichte Kompressionsringe. Das physikalische Wirkprinzip ist ein relativer Vergleich der Zahnzeiten (Intervall von 6° des Kurbelwellengeberrades) der einzelnen Zylinder vor und nach dem oberen Totpunkt (OT). Während des Tests wird der Motor ausschließlich durch den elektrischen Starter gedreht, um Auswirkungen durch einen eventuell unterschiedlichen Momentenbeitrag der einzelnen Zylinder durch die Verbrennung auszuschließen.

Die Vorteile dieses Tests liegen in einer sehr kurzen Messzeit ohne Adaption von externen Messmitteln. Er funktioniert jedoch nur bei Motoren mit mehr als zwei Zylindern, da sonst die Möglichkeit eines relativen Vergleichs der Zylinderdrehzahlen nicht mehr gegeben ist. Bei dem Symptom „unrunder Motorlauf, Motor schüttelt" wird der Kompressionstest oft vor spezifischen Tests des Einspritzsystems durchgeführt, um ne-

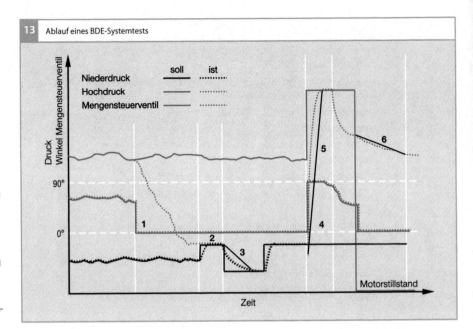

13   Ablauf eines BDE-Systemtests

gative Auswirkungen durch die Motormechanik ausschließen zu können.

Separierung von Zündungs- und Mengenfehlern

Der Test „Separierung von Zündungs- und Mengenfehlern" wird zur Unterscheidung von Fehlern im Zündsystem oder bei den Einspritzventilen (Ventil klemmt, Mehr- oder Mindermenge) bei dem Symptom „Motoraussetzer" und „unrunder Motorlauf" angewendet. In einem ersten Testschritt wird bewusst die Einspritzung auf einem Zylinder unterdrückt und die Auswirkung auf das λ-Sonden-Signal bewertet. In einem zweiten Schritt wird die Einspritzmenge auf einem Zylinder in Abhängigkeit vom λ-Wert rampenförmig erhöht oder vermindert. Während des zweiten Schritts werden die Laufunruhewerte beurteilt. Durch die Kombination der Ergebnisse des λ-Sonden-Signals und der Laufunruhe kann eine eindeutige Unterscheidung zwischen Fehlern im Zündsystem und Fehlern bei den Einspritzventilen getä-

tigt werden. In **Bild 14** ist beispielhaft der zeitliche Verlauf bei einem Mehrmengenfehler an einem Einspritzventil dargestellt. Die Vorteile dieses Tests liegen in einer sehr kurzen Messzeit ohne aufwendigen Teiletausch bei Aussetzerfehlern auf einzelnen Zylindern.

Separierung von Gemisch- und λ-Sonden-Fehlern

Der Test „Separierung von Gemisch- und λ-Sonden-Fehlern" wird zur Unterscheidung von Gemischfehlern und Offset-Fehlern der λ-Sonde bei den Symptomen „Motorkontrollleuchte an" genutzt. Während des Tests wird das Luft-Kraftstoff-Gemisch zuerst in der Nähe des Luftverhältnisses λ = 1 eingestellt, danach wird das Gemisch abhängig vom Kraftstoffkorrekturfaktor leicht angefettet oder abgemagert. Durch parallele Messung der beiden λ-Sonden-Signale und gegenseitige Plausibilisierung kann zwischen Gemischfehlern und Fehlern der λ-Sonden vor dem Katalysator unterschieden werden. Die Vorteile dieses Tests liegen in einer sehr kurzen Messzeit ohne die Notwendigkeit zum Sondenausbau.

Stellglied-Diagnose

Um in den Kundendienstwerkstätten einzelne Stellglieder (Aktoren) aktivieren und deren Funktionalität prüfen zu können, ist im Steuergerät eine Stellglied-Diagnose enthalten. Über den Diagnosetester kann hiermit die Position von vordefinierten Aktoren verändert werden. Der Werkstattmitarbeiter kann dann die entsprechenden Auswirkungen akustisch (z. B. Klicken des Ventils), optisch (z. B. Bewegung einer Klappe) oder durch andere Methoden, wie die Messung von elektrischen Signalen, überprüfen.

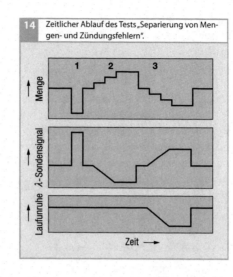

14 Zeitlicher Ablauf des Tests „Separierung von Mengen- und Zündungsfehlern".

Bild 14
1 Einspritzung deaktiviert
2 positive Mengenrampe
3 negative Mengenrampe

Die Laufunruhe betrifft den systematischen Verlauf bei einer Mehrmenge.

Externe Prüfgeräte und Sensorik

Die Diagnosemöglichkeiten in der Werkstatt werden durch Nutzung von Zusatzsensorik (z. B. Strommesszange, Klemmdruckgeber) oder Prüfgeräte (z. B. Bosch-Fahrzeugsystemanalyse) erweitert. Die Geräte werden im Fehlerfall in der Werkstatt an das Fahrzeug adaptiert. Die Bewertung der Messergebnisse erfolgt im Allgemeinen über den Diagnosetester. Mit evtl. vorhandenen Multimeterfunktionen des Diagnosetesters können elektrische Ströme, Spannungen und Widerstände gemessen werden. Ein integriertes Oszilloskop erlaubt darüber hinaus, die Signalverläufe der Ansteuersignale für die Aktoren zu überprüfen. Dies ist insbesondere für Aktoren relevant, die in der Stellglied-Diagnose nicht überprüft werden.

Verständnisfragen

Die Verständnisfragen dienen dazu, den Wissensstand zu überprüfen. Die Antworten zu den Fragen finden sich in den Abschnitten, auf die sich die jeweilige Frage bezieht. Daher wird hier auf eine explizite „Musterlösung" verzichtet. Nach dem Durcharbeiten des vorliegenden Teils des Fachlehrgangs sollte man dazu in der Lage sein, alle Fragen zu beantworten. Sollte die Beantwortung der Fragen schwer fallen, so wird die Wiederholung der entsprechenden Abschnitte empfohlen.

1. Wie arbeitet ein Ottomotor?

2. Wie ist das Luftverhältnis definiert?

3. Wie erfolgt die Zylinderfüllung?

4. Wie wird die Luftfüllung gesteuert?

5. Wie wird die Füllung erfasst?

6. Welche Arten der Verbrennung gibt es? Wie sind sie charakterisiert?

7. Wie wird das Drehmoment und die Leistung berechnet?

8. Welche Bedeutung hat der spezifische Kraftstoffverbrauch?

9. Wie erfolgt die Kraftstoffförderung bei der Saugrohreinspritzung? Welche verschiedenen Systeme dafür gibt es und wie funktionieren sie?

10. Wie erfolgt die Kraftstoffförderung bei der Benzin-Direkteinspritzung?

11. Welche Ottokraftstoffe gibt es? Durch welche Eigenschaften werden diese charakterisiert?

12. Welche gasförmigen Kraftstoffe gibt es?

13. Wie funktioniert eine Saugrohr-Einspritzung?

14. Welche Phasen während eines Startvorgangs gibt es? Wodurch sind diese charakterisiert?

15. Welche Möglichkeiten der Einspritzlage gibt es und wodurch sind sie charakterisiert?

16. Wie erfolgt die Gemischbildung?

17. Was ist die Aufgabe eines elektromagnetischen Einspritzventils?

18. Wie ist ein elektromagnetisches Einspritzventil für die Saugrohr-Einspritzung aufgebaut und wie funktioniert es?

19. Wie wird ein elektromagnetisches Einspritzventil angesteuert?

20. Welche Strahlgeometrien gibt es und wie sind sie charakterisiert? Wie wird der Strahl aufbereitet?

21. Wie ist ein Kraftstoffverteiler aufgebaut und wie funktioniert er?

22. Wie erfolgt die Benzin-Direkteinspritzung?

23. Welche Brennverfahren gibt es und wie funktionieren sie?

24. Welche Betriebsarten gibt es und wie funktionieren sie?

25. Wie erfolgt die Gemischbildung und die Verbrennung im Homogen- und im Schichtbetrieb?

26. Wie ist ein Hochdruck-Einspritzventil aufgebaut und wie funktioniert es?

27. Wie wird ein Magnetinjektor angesteuert?

28. Wie ist ein Piezoeinspritzventil aufgebaut, wie funktioniert es und wie wird es angesteuert?

29. Wie ist ein Kraftstoffverteilerrohr für die Benzin-Direkteinspritzung aufgebaut?

30. Welche Aufgabe haben Hochdruckpumpen für die Benzin-Direkteinspritzung? Wie sind sie aufgebaut und wie arbeiten sie?

31. Wozu dient ein Mengensteuerventil, wie ist es aufgebaut und wie funktioniert es?

32. Welche Betriebsdaten werden erfasst und wie werden sie verarbeitet?

33. Was ist eine Drehmomentstruktur und wie funktioniert sie?

34. Wie wird die Motorsteuerung überwacht und diagnostiziert?

35. Wie funktioniert eine Motorsteuerung mit elektrischer angesteuerter Drosselklappe?

36. Wie funktioniert eine Motorsteuerung für Benzin-Direkteinspritzung?

37. Wie funktioniert eine Motorsteuerung für Erdgas-Systeme?

38. Wie ist das Strukturbild einer Motorsteuerung aufgebaut? Welche Subsysteme gibt es und wie funktionieren sie?

39. Was ist eine On-Board-Diagnose und wie funktioniert sie?

40. Wie funktioniert die Diagnose in der Werkstatt?

Abkürzungsverzeichnis

A

ABB	Air System Brake Booster, Bremskraftverstärkersteuerung
ABC	Air System Boost Control, Ladedrucksteuerung
ABS	Antiblockiersystem
AC	Accessory Control, Nebenaggregatesteuerung
ACA	Accessory Control Air Condition, Klimasteuerung
ACC	Adaptive Cruise Control, Adaptive Fahrgeschwindigkeitsregelung
ACE	Accessory Control Electrical Machines, Steuerung elektrische Aggregate
ACF	Accessory Control Fan Control, Lüftersteuerung
ACS	Accessory Control Steering, Ansteuerung Lenkhilfepumpe
ACT	Accessory Control Thermal Management, Thermomanagement
ADC	Air System Determination of Charge, Luftfüllungsberechnung
ADC	Analog Digital Converter, Analog-Digital-Wandler
AEC	Air System Exhaust Gas Recirculation, Abgasrückführungssteuerung
AGR	Abgasrückführung
AIC	Air System Intake Manifold Control, Saugrohrsteuerung
AKB	Aktivkohlebehälter
AKF	Aktivkohlefalle (activated carbon canister)
AKF	Aktivkohlefilter
A_K	Lichte Kolbenfläche
α	Drosselklappenwinkel
Al_2O_3	Aluminiumoxid
AMR	Anisotrop Magneto Resistive
AÖ	Auslassventil Öffnen
APE	Äußere-Pumpen-Elektrode

AS	Air System, Luftsystem
AS	Auslassventil Schließen
ASAM	Association of Standardization of Automation and Measuring, Verein zur Förderung der internationalen Standardisierung von Automatisierungs- und Messsystemen
ASIC	Application Specific Integrated Circuit, anwendungsspezifische integrierte Schaltung
ASR	Antriebsschlupfregelung
ASV	Application Supervisor, Anwendungssupervisor
ASW	Application Software, Anwendungssoftware
ATC	Air System Throttle Control, Drosselklappensteuerung
ATL	Abgasturbolader
AUTOSAR	Automotive Open System Architecture, Entwicklungspartnerschaft zur Standardisierung der Software Architektur im Fahrzeug
AVC	Air System Valve Control, Ventilsteuerung

B

BDE	Benzin Direkteinspritzung
b_e	spezifischer Kraftstoffverbrauch
BMD	Bag Mini Diluter
BSW	Basic Software, Basissoftware

C

C/H	Verhältnis Kohlenstoff zu Wasserstoff im Molekül
C_2	Sekundärkapazität
C_6H_{14}	Hexan
CAFE	Corporate Average Fuel Economy
CAN	Controller Area Network
CARB	California Air Resources Board
CCP	CAN Calibration Protocol, CAN-Kalibrierprotokoll

CDrv Complex Driver, Treibersoftware mit exklusivem Hardware Zugriff

CE Coordination Engine, Koordination Motorbetriebszustände und -arten

CEM Coordination Engine Operation, Koordination Motorbetriebsarten

CES Coordination Engine States, Koordination Motorbetriebszustände

CFD Computational Fluid Dynamics

CFV Critical Flow Venturi

CH_4 Methan

CIFI Zylinderindividuelle Einspritzung, Cylinder Individual Fuel Injection

CLD Chemilumineszenz-Detektor

CNG Compressed Natural Gas, Erdgas

CO Communication, Kommunikation

CO Kohlenmonoxid

CO_2 Kohlendioxid

COP Coil On Plug

COS Communication Security Access, Kommunikation Wegfahrsperre

COU Communication User Interface, Kommunikationsschnittstelle

COV Communication Vehicle Interface, Datenbuskommunikation

cov Variationskoeffizient

CPC Condensation Particulate Counter

CPU Central Processing Unit, Zentraleinheit

CTL Coal to Liquid

CVS Constant Volume Sampling

CVT Continuously Variable Transmission

D

DB Diffusionsbarriere

DC direct current, Gleichstrom

DE Device Encapsulation, Treibersoftware für Sensoren und Aktoren

DFV Dampf-Flüssigkeits-Verhältnis

DI Direct Injection, Direkteinspritzung

DMS Differential Mobility Spectrometer

DoE Design of Experiments, statistische Versuchsplanung

DR Druckregler

3D dreidimensional

DS Diagnostic System, Diagnosesystem

DSM Diagnostic System Manager, Diagnosesystemmanager

DV, E Drosselvorrichtung, elektrisch

E

E0 Benzin ohne Ethanol-Beimischung

E10 Benzin mit bis zu 10 % Ethanol-Beimischung

E100 reines Ethanol mit ca. 93 % Ethanol und 7 % Wasser

E24 Benzin mit ca. 24 % Ethanol-Beimischung

E5 Benzin mit bis zu 5 % Ethanol-Beimischung

E85 Benzin mit bis zu 85 % Ethanol-Beimischung

EA Elektrodenabstand

EAF Exhaust System Air Fuel Control, λ-Regelung

ECE Economic Commission for Europe

ECT Exhaust System Control of Temperature, Abgastemperaturregelung

ECU Electronic Control Unit, elektronisches Steuergerät

ECU	Electronic Control Unit, Motorsteuergerät	ETF	Exhaust System Three Way Front Catalyst, Regelung Drei-Wege-Vorkatalysator
eCVT	electrical Continuously Variable Transmission	ETK	Emulator Tastkopf
EDM	Exhaust System Description and Modeling, Beschreibung und Modellierung Abgassystem	ETM	Exhaust System Main Catalyst, Regelung Drei-Wege-Hauptkatalysator
EEPROM	Electrically Erasable Programmable Read Only Memory, löschbarer programmierbarer Nur-Lese-Speicher	EU	Europäische Union
		(E)UDC	(extra) Urban Driving Cycle
		EV	Einspritzventil
E_F	Funkenenergie	Exy	Ethanolhaltiger Ottokraftstoff mit xy % Ethanol
EFU	Einschaltfunkenunterdrückung	EZ	Elektronische Zündung
EGAS	Elektronisches Gaspedal	EZ	Energie im Funkendurchbruch
1D	eindimensional		
EKP	Elektrische Kraftstoffpumpe	**F**	
ELPI	Electrical Low Pressure Impactor	FEL	Fuel System Evaporative Leak Detection, Tankleckerkennung
EMV	Elektromagnetische Verträglichkeit	FEM	Finite Elemente Methode
		FF	Flexfuel
ENM	Exhaust System NO$_x$ Main Catalyst, Regelung NO$_x$-Speicherkatalysator	FFC	Fuel System Feed Forward Control, Kraftstoff-Vorsteuerung
		FFV	Flexible Fuel Vehicles
EÖ	Einlassventil Öffnen	FGR	Fahrgeschwindigkeitsregelung
EOBD	European On Board Diagnosis – Europäische On-Board-Diagnose	FID	Flammenionisations-Detektor
		FIT	Fuel System Injection Timing, Einspritzausgabe
EOL	End of Line, Bandende	FLO	Fast-Light-Off
EPA	US Environmental Protection Agency	FMA	Fuel System Mixture Adaptation, Gemischadaption
EPC	Electronic Pump Controller, Pumpensteuergerät	FPC	Fuel Purge Control, Tankentlüftung
EPROM	Erasable Programmable Read Only Memory, löschbarer und programmierbarer Festwertspeicher	FS	Fuel System, Kraftstoffsystem
		FSS	Fuel Supply System, Kraftstoffversorgungssystem
		FT	Resultierende Kraft
ε	Verdichtungsverhältnis	FTIR	Fourier-Transform-Infrarot
ES	Exhaust System, Abgassystem	FTP	Federal Test Procedure
ES	Einlass Schließen	FTP	US Federal Test Procedure
ESP	Elektronisches Stabilitäts-Programm	F_z	Kolbenkraft des Zylinders
		G	
η_{th}	Thermischer Wirkungsgrad	GC	Gaschromatographie
ETBE	Ethyltertiärbutylether	g/kWh	Gramm pro Kilowattstunde
		°KW	Grad Kurbelwelle

H

H_2O	Wasser, Wasserdampf
HC	Hydrocabons, Kohlenwasser-stoffe
HCCI	Homogeneous Charge Compression Ignition
HD	Hochdruck
HDEV	Hochdruck Einspritzventil
HDP	Hochdruckpumpe
HEV	Hybrid Electric Vehicle
HFM	Heißfilm-Luftmassenmesser
HIL	Hardware in the Loop, Hardware-Simulator
HLM	Hitzdraht-Luftmassenmesser
H_o	spezifischer Brennwert
H_u	spezifischer Heizwert
HV	high voltage
HVO	Hydro-treated-vegetable oil
HWE	Hardware Encapsulation, Hardware Kapselung

I

i_1	Primärstrom
IC	Integrated Circuit, integrierter Schaltkreis
i_F	Funken(anfangs)strom
IGC	Ignition Control, Zündungssteuerung
IKC	Ignition Knock Control, Klopfregelung
i_N	Nennstrom
IPE	Innere Pumpen Elektrode
IR	Infrarot
IS	Ignition System, Zündsystem
ISO	International Organisation for Standardization, Internationale Organisation für Normung
IUMPR	In Use Monitor Performance Ratio, Diagnosequote im Fahrzeugbetrieb
IUPR	In Use Performance Ratio
IZP	Innenzahnradpumpe

J

JC08	Japan Cycle 2008

K

κ	Polytropenexponent
Kfz	Kraftfahrzeug
kW	Kilowatt

L

λ	Luftzahl oder Luftverhältnis
L_1	Primärinduktivität
L_2	Sekundärinduktivität
LDT	Light Duty Truck, leichtes Nfz
LDV	Light Duty Vehicle, Pkw
LEV	Low Emission Vehicle
LIN	Local Interconnect Network
l_l	Schubstangenverhältnis (Verhältnis von Kurbelradius r zu Pleuellänge l)
LPG	Liquified Petroleum Gas, Flüssiggas
LPV	Low Price Vehicle
LSF	λ-Sonde flach
LSH	λ-Sonde mit Heizung
LSU	Breitband-λ-Sonde
LV	Low Voltage

M

(M)NEFZ	(modifizierter) Neuer Europäischer Fahrzyklus
M100	Reines Methanol
M15	Benzin mit Methanolgehalt von max. 15 %
MCAL	Microcontroller Abstraction Layer
M_d	Das effektive Drehmoment an der Kurbelwelle
ME	Motronic mit integriertem EGAS
Mi	Innerer Drehmoment
Mk	Kupplungsmoment
m_K	Kraftstoffmasse
m_L	Luftmasse

MMT	Methylcyclopentadienyl-Mangan-Tricarbonyl
MO	Monitoring, Überwachung
MOC	Microcontroller Monitoring, Rechnerüberwachung
MOF	Function Monitoring, Funktionsüberwachung
MOM	Monitoring Module, Überwachungsmodul
MOSFET	Metal Oxide Semiconductor Field Effect Transistor, Metall-Oxid-Halbleiter, Feldeffekttransistor
MOX	Extended Monitoring, Erweiterte Funktionsüberwachung
MOZ	Motor-Oktanzahl
MPI	Multiple Point Injection
MRAM	Magnetic Random Access Memory, magnetischer Schreib-Lese-Speicher mit wahlfreiem Zugriff
MSV	Mengensteuerventil
MTBE	Methyltertiärbutylether

N

n	Motordrehzahl
N_2	Stickstoff
N_2O	Lachgas
ND	Niederdruck
NDIR	Nicht-dispersives Infrarot
NE	Nernst-Elektrode
NEFZ	Neuer europäischer Fahrzyklus
Nfz	Nutzfahrzeug
NGI	Natural Gas Injector
NHTSA	US National Transport and Highway Safety Administration
NMHC	Kohlenwasserstoffe außer Methan
NMOG	Organische Gase außer Methan
NO	Stickstoffmonoxid
NO_2	Stickstoffdioxid
NOCE	NO_x-Gegenelektrode
NOE	NO_x-Pumpelektrode
NO_x	Sammelbegriff für Stickoxide

NSC	NO_x Storage Catalyst
NTC	Temperatursensor mit negativem Temperaturkoeffizient
NYCC	New York City Cycle
NZ	Nernstzelle

O

OBD	On-Board-Diagnose
OBV	Operating Data Battery Voltage, Batteriespannungserfassung
OD	Operating Data, Betriebsdaten
OEP	Operating Data Engine Position Management, Erfassung Drehzahl und Winkel
OMI	Misfire Detection, Aussetzererkennung
ORVR	On Board Refueling Vapor Recovery
OS	Operating System, Betriebssystem
OSC	Oxygen Storage Capacity
OT	oberer Totpunkt des Kolbens
OTM	Operating Data Temperature Measurement, Temperaturerfassung
OVS	Operating Data Vehicle Speed Control, Fahrgeschwindigkeitserfassung

P

p	Die effektiv vom Motor abgegebene Leistung
p-V-Diagram	Druck-Volumen-Diagramm, auch Arbeitsdiagramm
PC	Passenger Car, Pkw
PC	Personal Computer
PCM	Phase Change Memory, Phasenwechselspeicher
PDP	Positive Displacement Pump
PFI	Port Fuel Injection
Pkw	Personenkraftwagen
PM	Partikelmasse
PMD	Paramagnetischer Detektor
p_{me}	Effektiver Mitteldruck

p_{mi}	mittlerer indizierter Druck	SDL	System Documentation Libraries, Systemdokumentation Funktionsbibliotheken
PN	Partikelanzahl (Particle Number)		
PP	Peripheralpumpe	SEFI	Sequential Fuel Injection, Sequentielle Kraftstoffeinspritzung
ppm	parts per million, Teile pro Million		
PRV	Pressure Relief Valve	SENT	Single Edge Nibble Transmission, digitale Schnittstelle für die Kommunikation von Sensoren und Steuergeräten
PSI	Peripheral Sensor Interface, Schnittstelle zu peripheren Sensoren		
Pt	Platin	SFTP	US Supplemental Federal Test Procedures
PWM	Puls-Weiten-Modulation		
PZ	Pumpzelle	SHED	Sealed Housing for Evaporative Emissions Determination
P_Z	Leistung am Zylinder		
		SMD	Surface Mounted Device, oberflächenmontiertes Bauelement
R			
r	Hebelarm (Kurbelradius)	SMPS	Scanning Mobility Particle Sizer
R_1	Primärwiderstand	SO_2	Schwefeldioxid
R_2	Sekundärwiderstand	SO_3	Schwefeltrioxid
RAM	Random Access Memory, Schreib-Lese-Speicher mit wahlfreiem Zugriff	SRE	Saugrohreinspritzung
		SULEV	Super Ultra Low Emission Vehicle
RDE	Real Driving Emissions Test		
RE	Referenz Electrode	SWC	Software Component, Software Komponente
RLFS	Returnless Fuel System		
ROM	Read Only Memory, Nur-Lese-Speicher	SYC	System Control ECU, Systemsteuerung Motorsteuerung
ROZ	Research-Oktanzahl	SZ	Spulenzündung
RTE	Runtime Environment, Laufzeitumgebung		
		T	
RZP	Rollenzellenpumpe	TCD	Torque Coordination, Momentenkoordination
S		TCV	Torque Conversion, Momentenumsetzung
s	Hubfunktion		
σ	Standardabweichung	TD	Torque Demand, Momentenanforderung
SC	System Control, Systemsteuerung		
SCR	selektive katalytische Reduktion	TDA	Torque Demand Auxiliary Functions, Momentenanforderung Zusatzfunktionen
SCU	Sensor Control Unit		
SD	System Documentation, Systembeschreibung	TDC	Torque Demand Cruise Control, Fahrgeschwindigkeitsregler
SDE	System Documentation Engine Vehicle ECU, Systemdokumentation Motor, Fahrzeug, Motorsteuerung	TDD	Torque Demand Driver, Fahrerwunschmoment

TDI	Torque Demand Idle Speed Control, Leerlaufdrehzahl-regelung
TDS	Torque Demand Signal Conditioning, Momentenanforderung Signalaufbereitung
TE	Tankentlüftung
TEV	Tankentlüftungsventil
t_F	Funkendauer
THG	Treibhausgase, u. a. CO_2, CH_4, N_2O
t_i	Einspritzzeit
TIM	Twist Intensive Mounting
TMO	Torque Modeling, Motor-drehmoment-Modell
TPO	True Power On
TS	Torque Structure, Drehmo-mentstruktur
t_s	Schließzeit
TSP	Thermal Shock Protection
TSZ	Transistorzündung
TSZ, h	Transistorzündung mit Hallgeber
TSZ, i	Transistorzündung mit Induktionsgeber
TSZ, k	kontaktgesteuerte Transistor-zündung

U

U/min	Umdrehungen pro Minute
U_F	Brennspannung
ULEV	Ultra Low Emission Vehicle
UN ECE	Vereinte Nationen Economic Commission for Europe
U_P	Pumpspannung
UT	Unterer Totpunkt
UV	Ultraviolett
U_Z	Zündspannung

V

V_c	Kompressionsvolumen
VFB	Virtual Function Bus, Virtuelles Funktionsbussystem
V_h	Hubvolumen
VLI	Vapour Lock Index
VST	Variable Schieberturbine
VT	Ventiltrieb
VTG	Variable Turbinengeometrie
VZ	Vollelektronische Zündung

W

W_F	Funkenenergie
WLTC	Worldwide Harmonized Light Vehicles Test Cycle
WLTP	Worldwide Harmonized Light Vehicles Test Procedure

X

| XCP | Universal Measurement and Calibration Protocol – universelles Mess- und Kalibrier-protokoll |

Z

ZEV	Zero Emission Vehicle
ZOT	Oberer Totpunkt, an dem die Zündung erfolgt
ZrO_2	Zirconiumoxid
ZZP	Zündzeitpunkt

Stichwortverzeichnis

Printed in the United States
By Bookmasters